本书是安徽省重大教学改革项目"基于EPT–CDIO的计算机类应用型创新人才培养模式的研究与实践"（项目编号：2016jyxm0777）与安徽省质量工程团队项目"网络工程专业卓越工程师培养计划"（项目编号：2014zjjh079）的研究成果。

地方本科院校计算机专业应用型人才培养模式的研究与实践

冯莹莹　著

北京工业大学出版社

图书在版编目（CIP）数据

地方本科院校计算机专业应用型人才培养模式的研究
与实践 / 冯莹莹著． — 北京 ： 北京工业大学出版社，
2021.10 重印

ISBN 978-7-5639-6240-2

Ⅰ．①地… Ⅱ．①冯… Ⅲ．①地方高校－电子计算机
－人才培养－培养模式－研究－中国 Ⅳ．① TP3

中国版本图书馆 CIP 数据核字（2018）第 125128 号

地方本科院校计算机专业应用型人才培养模式的研究与实践

著　　者：冯莹莹
责任编辑：张　娇
封面设计：点墨轩阁
出版发行：北京工业大学出版社
　　　　　　（北京市朝阳区平乐园 100　号邮编：100124）
　　　　　　010-67391722（传真）　　bgdcbs@sina.com
经销单位：全国各地新华书店
承印单位：三河市元兴印务有限公司
开　　本：787 毫米 ×960 毫米　1/16
印　　张：10.5
字　　数：210 千字
版　　次：2021 年10月第 1 版
印　　次：2021 年 10月第 2 次印刷
标准书号：ISBN 978-7-5639-6240-2
定　　价：35.00 元

前　言

21 世纪以来，随着我国经济社会的快速发展和工业化进程的不断深入，社会对高等教育本科人才的需求大量增加，尤其对计算机应用型人才的需求越发强烈，地方本科院校计算机专业应用型人才的培养模式引起了高等院校及社会各界的高度重视，各高校进行了大胆的改革探索。高等教育肩负着适应当前经济发展方式转型，培养急需人才的重要任务，由此可见，发展以培养应用型、复合型本科人才为主的本科教学是高等教育改革的重要内容。

计算机专业应用型本科教育是新生事物，是一个从认识到实践的过程。推动地方本科教育的研究与实践，必须从认识入手，转变传统的教育观念，树立现代高等教育理念，坚持改革创新的实践精神。首先，要学习发达国家发展计算机专业应用型本科教育的经验，借鉴他们的实践研究成果，将他们的人才培养模式和方式引进我国；其次，在把握本科教育人才培养特征基础上实行分类指导，避免与学术型本科教育"同构化"，在我国传统学术型本科或高职人才培养模式的基础上，进行符合本科教育人才培养规律和适应中国国情的理论研究和教学改革，以改革引领本科教育的发展；最后，要以能力培养为核心，进行理念和实践创新，在适应中国国情的基础上探索本科教育中的中国元素，在科学发展观指导下创新计算机专业本科应用型教育"产学研"结合的学科建设模式、知识创新模式和专业人才培养模式。

全书共八章。第一章为应用型本科院校教育概述，主要介绍了应用型本科教育概念与发展历程、当今应用型本科教育主体理念以及我国高等教育发展与应用型本科教育等内容；第二章为应用型人才与培养基础理论，主要阐述了应用型人才能力结构与内涵和应用型人才培养的现实意义等内容；第三章为计算机专业应用型人才需求与培养目标，主要介绍了当今对计算机专业应用型人才的需求、计算机专业应用型人才能力需求层次以及计算机专业应用型人才培养目标等内容；第四章为计算机专业应用型人才能力指标体系与培养方向，主要阐述了计算机专业应用型人才能力指标体系和计算机专业应用型人才的培养方向等内容；第五章为计算机专业应用型人才培养的多途径，主要介绍了多元化培养模式、趋于能力化的培养目标以及教学方式的分层化与模块化等内容；第六章为计算机专业应用型人才培养方案制定，主要阐述了课程体系构建、地方本科院校实践教学体系的构建和创新性应用型人才创新素质培养的探索与实践以及创新性应用型人才培养的质量保障与监控等内容；第七章为基于"卓越计划"的计算机专业人才模式研究与实践，主要介绍了基于"卓越计划"的人才培养概述、基于"卓越计划"的人才培养方案以及基于"卓越计划"的实践教学体系等内容；第八章为基于 EPT-CDIO 的计算机专业人才培养研究与实践，主要阐述了基于 EPT 理念的 CDIO 人才培养概述、基于 EPT-CDIO 的计算机专业人才培养方案以及基于 EPT-CDIO 的实践教学体系与评价机制。

为了保证内容的丰富性与研究的多样性，作者在撰写本书的过程中参阅了很多地方本科院校计算机专业应用型人才培养模式的理论及教学方法研究方面的相关资料，在此对他们表示衷心的感谢。

由于作者水平有限，时间仓促，书中难免有疏漏和不妥之处，恳请读者批评指正。

作　者
2018 年 2 月

目 录

第一章 应用型本科院校教育概述

应用型本科教育，是以本科教育为主，面向区域经济社会，以学科为依托，以应用型专业教育为基础，以社会人才需求为导向，培养高层次应用型人才，以培养知识、能力和素质全面协调发展，面向生产、建设、管理、服务一线的高级应用型人才为目标定位的高等教育。应用型本科教育是一种新的教育类型。

第一节 应用型本科教育概念与发展历程

一、应用型本科教育的概念

随着高等教育进入以结构调整、质量提升为核心的内涵式发展阶段，一种崭新的教育类型——应用型本科教育应运而生，它以本科教育为主，面向区域经济社会，以学科为依托，以应用型专业教育为基础，以社会人才需求为导向，培养高层次应用型人才。

应用型本科教育，是随科技发展和高等教育由精英教育向大众化教育转变过程中形成的一种新的教育类型，它是相对于理论型本科教育和实用技术型教育而言的。应用型本科教育是以培养知识、能力和素质全面而协调的发展，面向生产、建设、管理、服务一线的高级应用型人才为目标定位的高等教育。

应用型本科教育，在办学理念、办学思路、办学定位上要体现传统继承性、独特性和差异性；在学科专业建设、课程设置、教学过程中要体现探索性、研究性和理论性；在人才培养、基础研究的结果上要体现高端性、多样性和创新性；在服务社会、应用研究的成效上要体现有效性、及时性和优势性。

应用型本科教育，要坚持"四个突出"，即突出基础、突出特色、突出应用、突出技术。这"四个突出"既相互独立，又相辅相成。

应用型本科教育，应围绕学生需求与培养、教师发展与服务，定"性"在行业，定"向"在应用，定"格"在特色。以学生学习与发展为本，构建订单式应用型人才培养模式；以教师的发展与服务立校，提升师资队伍水平；

以转变管理理念为基础，提高管理团队的服务能力；以建设特色学科专业平台为核心，满足行业应用需求；以完善体制机制为保障，实现可持续跨越发展。

二、应用型本科教育的产生

应用型本科教育的出现是社会发展的产物，源于第二次世界大战后高新技术的突飞猛进，尤其在信息技术推动下产生的知识经济使高等教育出现了新的形态，在一些发达国家应用型本科教育应运而生。

教育作为一种特殊的社会现象，从简单的教育活动到专门化的学校教育，伴随着人类社会的发展走过了漫长的历程。在这个过程中，教育始终与社会发展紧密相连，成为社会延续和发展的需要，而且随着社会的发展其功能和地位也在不断变化。西方教育发展经过古希腊人性教育—教会神学教育—文艺复兴时期的人文主义教育—资本主义的现代科学技术教育几个主要阶段，完成了两个重大转变：一是从单纯的塑造人本身到促进人的全面发展；二是教育功能日趋完善，从远离社会中心到推动、引领社会向前发展。

经济社会发展推动高等教育大众化，社会需求的不同催生高等教育的多样性。从历史上看，应用型本科教育的产生与发展正是高等教育由社会边缘走向社会中心这个过程的体现。

（一）近代大学阶段

现代大学的直接源头是 12 世纪欧洲的大学。这些大学一般设有文学、法学、医学、神学 4 个学院，大学通过讲解和辩论等教学方法向学生传授有关知识。在大学发展的早期，大学是从事高深学问和纯学术研究的场所，远离社会现实，被喻为"象牙塔"。在生产力较低的社会里，大学的功能是通过传授知识培养人才，主要是培养统治阶级的接班人，这是当时社会发展阶段对高校所要求的首要和核心任务。

从古典时期到文艺复兴后近代大学的出现，高等教育从远离社会、追求"纯粹学问"的"象牙塔"渐渐出现实用的趋向。

（二）工业化时期

17 世纪的欧洲社会风起云涌，英国爆发了资产阶级革命，欧洲由此告别黑暗的中世纪，进入近代时期。以培根、牛顿为代表的一批科学巨人从哲学的研究和神学的束缚中走出来，用科学开启了一个新的时代。科学在大学地位的确立经历了一个由低到高的发展过程。最初，德国开办了实科学校，使一些"有用的"知识进入中等教育的课程。后来，法国、英国和美国也建立了类似的学校。到了 18 世纪末 19 世纪初，欧美陆续出现了一批专科学院和理工学院，课程内容涉及军工、桥梁、建筑、船舶等。

在工业化时期，一批以直接为工农业生产服务为标志的大学出现了，高等教育开始为经济社会发展服务。这一阶段的工程教育作为沟通科学与生产的桥梁，使高等教育获得了迅速的发展。随之，高等教育还出现了经济学、管理学、法学等诸多新的学科，也开始与工业社会结合并呈现应用化趋势。至此，以高等工程教育为主体，为工业社会培养应用型人才的高等教育出现了。

（三）20世纪中期

应用型教育的出现是社会发展的产物，源于第二次世界大战后高新技术的发展，尤其是20世纪中期信息技术推动知识经济的产生，使高等教育出现了新的形态，应用型教育在一些发达国家应运而生。

第二次世界大战后，技术发展愈来愈迅猛，其复杂程度和精确程度越来越高，内涵和形态也发生了深刻的变化，尤其是一些高新技术交叉渗透成为新的组合，广泛应用于生产的各个领域，是现代生产飞速发展的重要因素。例如，微电子技术渗透到工业、农业、交通、通信、管理等各个领域，与各领域的传统技术结合后，使各产业的技术含量提升到新的层级。

科学技术快速发展并应用于生产领域，高等教育与社会发展结合更加紧密，使得高等教育步入社会的中心。以为生产领域培养各种一线技术人才的高等技术教育出现为标志，与原有以工程教育为主体的高等教育并存，在教育类型上有所区分，使高等教育的范畴进一步延伸，内涵发生新的变化，出现了以技术教育为主体并拓展至其他新兴应用型学科专业的高等教育类型，人们称其为应用型教育。应用型本科教育是应用型教育的一个层次。

技术本科教育是应用型本科教育的主体形式，技术学科是应用型本科教育的主要支撑学科。相对于工程教育而言，技术教育课程具有更明确的就业方向，一般都有一定的技术领域限制，因为技术型人才处于生产或服务的现场，面对更具体的生产或服务对象，要根据现实的生产或服务条件，处理更实际的生产或服务问题。从专业类型和毕业生从事的工作分析，可以说相当多的本科专业都有侧重于培养技术应用型本科人才的方向或本身就以技术人才培养为主，属于技术学科教育。

中国教育的发展也大抵如是。由以儒家为代表的修身养性教育到引进西学以"救国图存"，由私塾到近代大学的建立，从以人文道德教育为主到全面分科教育，我国艰难地实现了由传统教育向现代教育的过渡，并逐渐确立了教育在强国兴国、促进社会发展中的战略地位。

社会发展对走向中心的教育提出了新的要求。从社会的角度看，就是高等教育要培养社会所需要的各类人才，为社会提供智力支持、人力资源开发等服务。有学者提出，从生产或工作活动的过程和目的来分析，人才类型总体上讲有两大类：一类是发现和研究客观规律的人才；另一类是应用客观规律为社会谋取直接利益的人才。前者称研究型（科学型、学术型）人才，后者称应用型人才。社会不仅需要研究、探索科学规律的研究型人才，也需要更多地在生产一线解决技术问题的应用型人才。

三、我国应用型本科教育的发展历程

追溯中华人民共和国成立后高等教育的发展历程，可以找寻应用型本科教育产生和发展的轨迹，并且可以看出近年来逐渐升温的趋势。

（一）中华人民共和国成立初期至 20 世纪 70 年代末

中华人民共和国成立初期，百废待兴的局面要求大力发展经济。20 世纪 50 年代初，按照国家的统一部署，我国进行了全国范围的高校院系调整，新建和充实了一大批新院校，特别是中央各个部门兴办了一批专门院校，同时成立了一批行业性院校并以行业命名，在北京地区有北京航空学院、北京钢铁学院、北京工业学院等八大学院。这些院校与社会主义经济建设相结合，在办学方向上以经济社会发展急需的应用学科为主，培养工业化初期生产管理领域各战线的高级专门人才。但是，在 20 世纪 60—70 年代，高等教育工作发生逆转，高等教育刚刚开始的应用型教育改革进入了停顿时期。

（二）20 世纪 70 年代末至 90 年代中期

随着我国改革开放，国家把经济发展作为工作重心，高等教育又迎来了一次发展的高峰，同时，高等教育服务地方经济发展的思想开始得到重视。这一时期相继成立了一批地方或区域性、专门性本科高等学校。也就在这一阶段，应用型高等教育和地方行业院校与当地经济发展的联系表现得更加密切。

（三）20 世纪 90 年代中后期

随着高等教育大众化的进程，适应经济快速发展的需要，我国的应用型高等教育迎来了发展的黄金时期，一批民办学校，地区性、专门性大学的产生，特别是新建本科院校的建立。1998—2004 年，我国在 6 年间新增设本科院校 171 所，其中大部分院校是从原有专科层次升格形成的。这一时期，从教育行政部门到教育机构都开始认识到高等教育分类与多样化发展的重要性，使

应用型高等教育思想得到丰富和发展，主要体现在以下几个方面。

1. 教育部发展应用型高等教育的政策导向

教育部出台的一系列关于本科教育的政策，都从不同的角度强调要加强复合型、应用型人才的培养，以适应社会对本科高等教育人才的实际需要。2002 年 7 月，教育部高等教育司在南京组织召开了"应用型本科人才培养模式研讨会"。2004 年 12 月，在北京召开了第二次全国普通高等学校本科教学工作会议，教育部原部长周济明确指出了多样化是高等教育的发展之路，并强调"经济社会发展对人才的需求是有类型和层次之分的，是多种多样的，这就要求高等学校必须培养不同层次、不同类型和不同规格的专门人才"，要求"各个高等学校根据不同的社会需求进行科学、准确的定位，确立各自的发展方向，建设不同类型的学校，同时形成有自己特色的人才培养模式、培养目标、培养方法和质量标准"。

各地方教育行政部门也纷纷从各地社会经济发展需要出发，在制定相关的本科教育政策时强调要加强应用型人才的培养。高校特别是地方高校和高等职业技术院校要加强应用型专业和特色专业建设，积极设置主要面向地方支柱产业、高新技术产业、服务业的应用型专业，以应用为主，紧密结合区域经济建设，发展应用型本科专业。

2. 高等教育机构进行应用型高等教育教学改革

进入 21 世纪，高等教育发展道路成为各个高等学校普遍关注的问题。20世纪 50 年代初建立的一批高等学校经过多年学科积淀和专业提升，已经走上了以学术性高等教育为主的发展道路，培养研究型、设计型人才，如北京科技大学、北京理工大学、北京航空航天大学等；20 世纪 70 年代末 80 年代初建立的地方本科院校中少部分院校也走上了学术性高等教育发展的轨道，如上海大学等。面对高等教育国际化及市场运作模式的挑战，同时又处于具有发展优势的老本科院校的竞争中，大部分 20 世纪 70 年代末 80 年代初和 20世纪 90 年代后期建设的本科院校都面临着向何方发展、定位在何处的严峻挑战，都在思考发展什么和如何发展的问题，都期望能够在竞争中后来居上。根据社会需求的实际变化和政府的政策要求，一些院校，特别是越来越多的新建地方本科院校提出"发展应用型本科教育"的概念和建设"应用型本科院校"的定位，开始了应用型本科教育教学改革的实践探索。

在处于发展道路选择的十字路口时，部分新建的地方本科院校有盲目跟从学术型大学发展的趋势。事实上，这些院校具有的许多共同特征决定了其不适于走学术性高等教育的道路，如本科办学历史不长，学科积淀薄弱；多数为地方管理院校，为地方经济发展和社会进步提供支持；以本科层次为主，有的兼有少量研究生教育，有一定科研能力，但科研能力还不强。所以，在上述情况下，如果定位学术性高等教育为其发展方向，盲目攀高，则既不符合社会发展对人才多样化、多规格、多层次的需求，也违背大众化高等教育的发展规律。在经过了一段时间的探索之后，从高等教育发展规律和经济社会发展的需求出发，一些新建地方本科院校正在逐步向应用型教育、培养应用型人才的道路靠拢。2001 年，部分新建工学院、工程学院和工业学院提出了将学校定位于培养适应社会需要的高层次应用型人才，并成立了"应用型本科教育协作组"。

3. 其他有关研究机构开展的应用型本科教育改革探索

2002 年 11 月，由全国高等学校教学研究中心组织的全国部分新建本科院校，结合以往各个院校在应用型本科人才培养工作中已经取得成绩的基础上，在南京召开了"21 世纪中国高等学校应用型人才培养体系的创新与实践"课题立项研讨会，并以此为起点开始进行应用型人才培养体系的研究。课题研究分为综合类、人文素质类、数学类、物理类、机械类、土建类、力学类、电子与电气信息类、经济管理类、计算机类 10 大类。此后，部分院校分别在湖南、黑龙江、福建等地召开了研讨会，其目的是"要在我国高校探索应用型人才培养的教学内容、课程体系和教材建设等方面取得标志性成果，更好地适应当今社会对应用型人才培养的各类需求"。2004 年 8 月，全国高等学校教学研究中心和全国高等学校教学研究会在西安共同主办了"高等学校办学的合理定位与分类发展"学术论坛，参会代表分别来自全国各类高等院校和教育科研机构，其中，有北京大学、清华大学、南开大学等研究型大学，北京联合大学、南京工程学院等地方高等院校，西安欧亚学院等民办大学，还有北京教育科学研究院等研究机构。在这次会议上，多位校（院）长明确提出了我国高等教育要分类发展，大力发展应用型高等教育的目标。2007 年全国高等学校教学研究中心和全国高等学校教学研究会在成都召开并成立"全国应用型本科教育协作会"，并在每年召开年会。2007 年以北京联合大学、上海电机学院为主在上海召开了"应用型本科教育学术研讨会"。2008 年初，全国高等学校教学研究中心组织全国地方院校开展国家级教育科学规划课题"应用型本科人才培养模式研究"。2008 年 10 月，中国高等教育学会与北京联合大学在北京共同主办了"应用型本科教育国际论坛"。这些学术机构组织开展的学术研讨活动和高等院校开展的应用型本科教育实践探索，表明了应用型本科教育已成为一个热点。

第二节　当今应用型本科教育主体理念

教育理念是教育实践的内在动力，教育理念能够使具体的教育行为具有一种超越自身、跨越现实的功能，产生持续性发展的内在动力。教育的改革与进步必须以理念的突破和更新为先导。没有先进的教育理念，教育的目标必定是片面的，教育的行为必然是短期的，教育的发展必将是被动的。

在当代，大学不但要为经济社会发展服务，还要随着科技和经济的发展实现战略转移。教育理念正发生着深刻的变化，众多专家学者就教育面临的挑战及未来发展提出了极有价值的看法。

全国高等教育学研究会理事长潘懋元教授认为，由于面临高科技与低素质的矛盾，以及信息高速公路进入高等学校与传统教学过程的矛盾，高等教育必须加强素质教育，教学模式必须变革。

全国高等理科教育研究会副会长陈祖福教授认为，高等教育改革在人才培养模式上，要改变重专业、轻综合素质的状况，在课程结构上更新和优化学生的知识、能力、素质结构，加大教学计划的弹性，修改和完善学分制，重视培养复合型人才。大学应改革不适应经济社会需要的课程，改革教学内容和课程体系。同时，还应改革教学管理、教学质量宏观控制和评价体系，还有学者认为高等教育要更加综合化和通识化，以增强学生的灵活性和适应性；从传授知识为主转向培养学生素质，注重培养学生的应用能力、独立思维能力和创造能力；要因材施教，注重学生的个性化发展，改变封闭式办学观点，扩大与地方和国际的交流合作。

上海师范大学原校长杨德广教授从大学生知识结构缺陷出发，认为应加强市场经济下的大学生通识教育。从教学内容和课程体系上，对高校课程设置模式进行改革以适应通识需要。

中国未来研究会教育分会副主任委员眭依凡教授从社会变革时期高校面临的机遇和挑战出发，认为转型期高校要在办学思路、办学模式、办学机制上进行创新。

路甬祥教授则从面向工业创新的角度，探讨了高等教育目标、模式、核心途径等问题。认为教育应解决培养的工程师"会不会做""值不值得做""可不可以做""应不应该做"4个问题。教育还要做"三概述"建设：模块式的课程结构和教学环节；适时的教育内容和教育方法；从招生到就业教育全过程的全面质量管理。

"教育理念"从一定意义上说，蕴涵着一所大学的办学方向、培养目标、运营策略、社会责任以及人们对理想教育模式的系统构想。它实际是在学校师生面前竖立起的一面旗帜，通过一种文化氛围、精神力量、价值期待和理性目标，引导教育发展的方向，陶冶师生的情操，规范师生的行为，成为学校发展的思想指南和行动纲领。

当今时代，发展应用型本科教育的高校应遵循的教育理念如下所述。

一、坚持科学发展的理念

应用型本科教育要坚持科学发展，其一，要树立分类发展的理念。我国高等教育已经进入大众化阶段，高等教育要适应科学技术、经济社会发展对不同类型人才的需求，在此阶段需要用分类发展理念指导高等教育培养不同类型的人才。要转变在不同类型中论层次混淆层次和重层次不重类型的观念，明确树立应用型本科教育是高等教育科学发展的产物，是一种新高等教育类型的观念。其二，要树立可持续发展的理念。可持续发展强调教育发展进程的持久性、连续性和创新性，实施科学决策；避免教育政策的频繁变动，要处理好传承和发展的关系，保持应用型教育、教学改革的连续性，通过几代人的努力，建设好有中国特色的应用型本科教育。其三，各方面的发展要相互适应、协调发展。例如，专业设置与社会发展的协调，招生就业与社会需求的协调，学科建设与产学合作的协调，教学改革与师资队伍建设的协调，理论知识学习与工学结合的协调等都需统筹考虑。其四，要牢固树立应用型本科教育为地方经济社会发展服务的理念。为地方经济社会发展服务首先表现在人才培养方面，同时随着时代的发展，社会鼓励大学开展应用型科学研究，开展咨询服务等形式的社会服务。大学在服务社会的过程中，可以不断获取社会对人才培养要求的反馈信息，从而可以有的放矢地调整专业设置，改革教学内容，培养出符合社会需要的高级人才。地方大学为地方服务应成为学校的生存之基和活力之源。21世纪的应用型本科教育必须积极融入当地的经济建设，主动适应社会需要，充分了解区域内的产业结构、人才市场、民众需求等状况，与当地企、事业单位建立合作关系，全方位服务地方，把视野转向国家、区域和地方（行业）经济社会发展和雇主的需求。其五，要树立国际合作发展的理念。进入21世纪后，世界经济联系日益紧密，全球知识网络不断延伸拓展，"开放合作"已成为各国大学的新理念。我国应用型本科教育要勇敢地走向国际教育舞台，积极吸收世界的文明成果，虚心借鉴国际教育的成功经验，加强国际交流与合作，拓宽领域，创新方式，在合作中参与国际教育事务，提高教育水平，培养具有国际视野的应用型人才。

二、坚持学以致用的理念

学以致用是应用型本科教育的目标。应用型本科教育应该培养能够熟练运用知识、解决生产实际问题、适应社会多样化需要的应用型人才，其课程体系和教学模式应围绕加强实践技能、提高理论修养、强化知识应用、提高理论与实践的综合应用能力而展开。崇尚实用是19世纪中期以来世界范围内高等教育改革的重要趋势。一百多年来，高等教育领域科学与人学的争论折射出高等教育发展追求实用的历史轨迹，美国州立大学的成功得益于实用价值的最大实现；英国"新大学运动"的失败根源在于对传统大学学术标准的固守；我国许多地方大学办学无特色也是因为未能确立办学价值的实用取向。目前，我国高等教育体系内部定位正逐步明确，致力于培养研究和发现客观规律人才的国家重点大学，特别是进入985工程的院校，理应将培养学术型人才放在首位，通过本科和研究生教育培养一批高水平科学人才；而地方大学应着眼于将客观规律向现实生产力的转化，着重培养应用型本科人才，特别是为生产一线服务的各类专门人才，将这种理念作为其主体办学目标。

三、坚持改革创新的理念

我国经济社会发展对高等教育提出了分类发展的目标，20世纪80—90年代开始发展高等职业教育，21世纪初又提出应用型本科教育的概念。由于应用型本科教育是新生事物，需要一个认识和实践的过程，必须坚持改革创新的理念和精神。首先，要学习发达国家发展应用型本科教育的经验，借鉴他们的实践成果，将他们的人才培养模式和方式引进我国；其次，在把握应用型本科教育人才培养特征基础上实行分类指导，避免与学术性本科教育"同构化"，在我国传统学术性本科或高职人才培养模式的基础上，进行符合应用型本科教育人才培养规律和适应中国国情的理论研究和教学改革，以改革引领应用型本科教育的发展；最后，要进行理念和实践创新，在适应中国国情的基础上，探索应用型本科教育的中国元素，在科学发展观指导下创新应用型本科教育人才培养模式，培养经济社会发展需要的高水平应用型人才，提升中国高等教育的影响力。

第三节　我国高等教育发展与应用型本科教育

我国大学通用的分类方法与美国卡内基教学促进基金会2000版的大学分类标准相似，一般分为4种类型，即研究型、研究教学型、教学研究型、教学型。这种分类法主要是按照科研的规模和研究生的比例进行分类。在研制公布的"中国大学评价"中，其确定研究型大学的标准是，将全国所有大学的科研得分，按学校得分降序排列，并从大到小依次相加，至得分累积超过全国大学科研总得分的 61.8%（优选法的 0.618）为止，各个被加到的大学是研究型大学。除去已被确定为研究型的大学，对其余院校再次使用以上方法，确定出研究教学型大学，并以此类推确定出教学研究型和教学型大学。

本科教育需要分类指导，分类指导的关键是进行科学、恰当的分类。当前我国普通高等学校的类型可以归为 3 种类型：第一种是综合性研究型大学；第二种是多科性或单科性专业型大学或学院；第三种是多科性或单科性职业技术型院校（高职高专）。应用型本科教育属于第二种类型，第二种类型的高校情况复杂，但存在若干共同特点，即以培养应用型人才为主，以培养本科生为主，以教学为主，以面向地方办学为主。每一类型的院校都应有重点高校，都可以成为国内知名、国际有影响的名校，关键在于这些院校能否找准自己的优势，确定自己的发展方向，制定具有本校特色的发展战略，办出自己的特色。

我国已经进入高等教育大众化阶段，形式与任务都已经发生了很大变化，所以科学定位不同类型学校的办学性质和发展方向，对于高等教育的科学发展十分重要。

应用型本科教育是高等教育的一个类型，在发展过程中，吸收了传统学术性教育和高等职业教育的一些特质并提炼转化，逐步形成一种具备完整体系的高等教育的新形态。应用型教育在促进人的全面发展，推动社会全面进步中占有重要的社会地位。人与人之间存在智力类型、兴趣偏好、能力取向等个体差异，应用型本科教育作为高等教育多元化的表现之一，可以促进不同智力类型、不同能力特长的学生成才。一方面，接受高等教育是个人全面发展的一个重要因素；另一方面，社会需求结构中也存在对人才需求层次、类型、数量的差异，高等教育类型的多元化和应用型教育的发展正好适应了社会发展的需要。

一、应用型本科教育类型的确定

进入 21 世纪，科学技术快速发展并应用于经济生产领域的新时期，我国经济社会和科学技术的发展催生了新的应用型本科人才的需求，相应地出现了培养这类人才的本科教育。经济社会与高等教育发展呈现一些新的特征：一方面，在国家和地区经济全球化趋势下，区域经济发展更加开放、活跃；另一方面，高等教育逐步走向经济和社会发展的中心，特别是应用型本科教育与经济社会之间的关系更加密切。

应用型本科教育之所以能成为高等教育的一个新类型，关键在于社会需要培养一类有别于以往的新的本科人才，论证应用型本科教育存在的依据在于找到它所培养人才的主体类型。以工程师的培养为例，传统的本科教育以培养设计工程师为主，负责工程规划、产品设计等工作，而工程实施中现场技术指导、工艺设计方面的工程技术人员，一般由专科以下教育培养，但随着工业现代化和信息化，在现代企业中则要求他们具有本科教育的基础，因此现场工程师就成为新的本科人才类型。现场工程师一般可分为工艺工程师、技术工程师等，他们应该具备工作现场的指挥组织能力、设备调试运行维护能力、工艺设计和改进能力等。随着第三产业的发展和三次产业的融合，现代企业又出现复合型的现场工程师的要求，如营销工程师、生产服务工程师等。现场工程师的培养应遵从以技术学科为基础的应用型本科教育。此外，随着现代服务业的快速发展，还出现了许多其他类型的应用型职业岗位，这些职业岗位分布在各产业并对从业人员提出了新的要求，体现为人才学历层次的高移以及应用型职业岗位和应用型人才具有的新特征。

确定应用型本科的人才类型首先必须适应社会需求，准确把握区域经济或行业企业对专业人才培养的需求，即在现场工程师这一大目标下，按专业明确更具体的培养目标，发挥比较优势和特色，满足新时期经济和社会发展对人才的多样化需求。特别是在当前毕业生就业压力增大的情况下，应用型人才的培养更应该突出特色，发挥优势。应用型本科教育培养出的人才在岗位上应该能够"向下兼容、向上拓展"，应用型本科人才要熟悉面向高职学生的岗位工作要求，也要学好理论知识，打下进一步提升的基础。

二、应用型高等教育体系的确立

按照联合国教育、科学及文化组织（以下简称联合国教科文组织）这一教育分类标准，应用型高等教育应成为一个完整的教育体系。在世界上应用型高等教育发展较早的国家中，尽管应用型高等教育的称谓和管理体制可能有所不同，但就其本质特征而言，应用型高等教育的体系已比较成熟，这一体系包括职业教育（证书或文凭）、应用型本科教育（学士学位）和研究生教育（硕士、博士专业学位）。随着我国应用型高等教育的发展，其体系也正在形成。

从系统论的角度看，要想使系统的整体优于部分的总和，取决于系统内部的结构。结构越合理，得到的系统效果越佳，体现的整体优势更多。高等教育作为一个系统，各类型高校构成这一大系统的子系统，高等教育的作用体现在两方面：一是各高校独立地发挥各自的功能，即独立性功能；二是各高校间通过不同的教育类型、教育层次、学科差异等多方面的互补性连接，形成有序的体系支撑社会发展，即系统性功能。这实质上就是要高等教育从整体性出发，根据社会发展对人才结构、数量的需要，构建系统有序的、适合我国国民的教育体系。应用型本科教育作为一个教育类型和学术性本科教育、高职教育共同发展，有助于国民教育体系的完整。

三、应用型高等教育的办学机构

自 20 世纪 60 年代以来，一些发达国家首先进入信息社会和知识经济时期，伴随经济社会发展对这类人才的需求和高等教育向大众化、普及化方向的发展，以及社会经济发展对人们提出"终身学习"需求的趋势下，高等教育类型的分化必然导致高等学校的多样化，以实施这类应用型高等教育为主的一种崭新的大学形态——应用型大学（Applied University 或 University for Application）作为高等教育大众化发展的必然产物应运而生，并为各国的经济社会发展做出了巨大贡献。像德国的应用科学大学、法国的工程师学校、英国的技术学院、美国的州立大学、澳大利亚的理工（技术）大学以及我国台湾的科技大学等应用型大学的建校一般具有 3 个特点：其一是时间上，建校于工业化和知识经济发展初期，也是高等教育大众化发展的历史时段；其二是在大学建校的前期基础上，即一般具有技术专科的办学基础和较好的产学合作传统；其三是具有鲜明的区域性、地方性或行业性。可以说，高等教育大众化和多样化的发展历史，也是应用型高等教育成长和应用型大学发展的历程。

21 世纪以来，随着我国经济社会的快速发展和工业化进程的不断深入，尤其是地方经济和行业经济的发展对高等教育本科人才的需求大量增加，对本科人才类型的需求趋向多样化，特别是对一线工作的本科人才的需求越来越多，迫切要求高等学校培养出在素质、能力、知识等方面都适应工作需要的新型应用型本科人才。这类人才的培养任务，无论从世界高等教育发展规律，还是从我国高等教育发展的现实情况出发，主要应该由这一时期新建立的本科院校承担。遵从国际高等教育的通用称谓，我们也称这类大学为"应用型大学"。应用型大学从构成上来看，主要包括两部分：一是随着改革开放新成立的一批大学；二是我国高等教育大众化（高校扩招）以后，一批由高等专科学校升格而成的新建本科院校和一些由高职学院升格的本科院校。

第二章 应用型人才与培养基础理论

应用型人才是指能将专业知识和技能应用于所从事的专业社会实践的一种专门的人才类型，是熟练掌握社会生产或社会活动一线的基础知识和基本技能，主要从事一线生产的技术或专业人才，其具体内涵是随着高等教育历史的发展而不断发展的。

第一节 应用型人才能力结构与内涵

一、人才的内涵与分类

20 世纪时期，随着世界各国进入战争之后的休整期，各个国家都把发展经济作为头等大事。发达国家以自己的经济实力招来世界各地各个领域的优秀人才，成为全球经济发展中的重镇；而发展中国家，则在利用各地自然资源的基础上，以粗放型的经济模式向自然索取着物质资料，同时以为发达国家提供加工产品的方式，解决国内大量人口的温饱。而低水平、重复性的劳动建立在密集型的人口增长上，经济的提高也处于依附发达国家的地位。随着经济和社会的发展，特别是在经历了工业时代向后工业时代的转变后，世界经济的格局随着冷战之后，英国、苏联等几个大国的没落而发生了改变，原本一直埋头苦干、相信人定胜天的中国也逐渐意识到了人才的重要性，开始将发展的重心投入对教育的重视中，而"大学"这个培养高级人才的摇篮自然成为重中之重。

在当今社会发展的潮流中，大学教育不再只是传统意义上的精英教育。大学教育的最终目的是要为社会培养人才，是要符合市场的需求的。所以，对人才的认识直接决定了教育的方针政策，会影响教育活动，乃至政治、经济、文化等各项活动的开展。因此，深刻认识和清楚把握人才的内涵具有非常重要的战略意义。

（一）人才的内涵

何谓人才，根据《现代汉语词典》释义：人才是指在某一方面有才能或有本事的人。"某一方面"应指某些领域，或指具有一定的专业知识或专门技能。同时，凡是人才，都应能具有一定的知识或技能，在相关领域中是才能卓越之人，是人力资源中能力和素质较高的劳动者。所以"人才"一词，不仅有自己的内涵，还有一定的外延。

人才的概念具有一定的时代性，在不同的历史时期，会有不同的认识与理解，而从不同的角度来看，人才的定义又是极为纷繁复杂的。

新编《辞海》对"人才"的解释是，有才识学问的人，德才兼备的人；百科名片的定义为：人才是指具有一定的专业知识或专门技能，进行创造性劳动并做出贡献的人，是人力资源中能力和素质较高的劳动者；政府有关部门的定义是，取得中等专业学历及以上的人；而对于企业来说，人才则是那些认同企业的核心价值观，具有职业素养和较高工作技能，能够持续地为企业创造价值的人。

可见，对于"人才"的认识，由于不同时代、不同社会、不同部门的角度与需求不同，自然带来不同的理解。但综合起来看，人才还是具有一定的共性，它是社会对在不同领域中某一类人的要求与认可。大致可从以下几个层次去理解人才的厘定。

1. 有才学的人

此处"才"指的是"才学、才华"，更多的是偏向于对文化、知识、才学等抽象理论的掌握。"腹有诗书气自华"即是才学之士的显著标志。除此之外，先秦时期，百家争鸣，学派林立，皆是以学问立足，自成一家，以宣扬学说为己任。故自古以来，中国就对饱学之士敬而仰之，而对于"人才"的认识，更是自孔子之时就已提出"三才"之说。《周易·系辞》："《易》之为书也，广大悉备。有天道焉，有人道焉，有地道焉。兼三才而两之，故六。六者非它也，三才之道也。"三才，指的是天、地、人。六者则指重卦的六爻。重卦六爻之所以会成为三才之道，是因为在孔子看来，由三爻的八卦演变为六爻的六十四卦，是人类思想史上认识的一大飞跃。《周易》在经过了孔子作《易传》后，基本上反映了孔子的思想，可见，孔子是注重讲人才的。

2. 有才能的人

才，指的是能力。能力，是完成一项目标或任务所体现出来的素质。素质是体现能力的标准。而有才之人，从才能方面指称某类人。此类人在某一方面或某一领域中为佼佼者，是同辈人当中的领先者，他的才能也是被公认的，属于才能优异之士。而这种能力，可以体现在方方面面，他可以是文化的继承者，也可以是能力的开创者、延续者，同时以自己独有的理解力和领悟力，能将文化知识内化为自己的能力，在实际动手操作之中，可以以比其他人更为快速的反应、更为出色的运用应对工作与行动。

人的能力有大小，才能亦有高低。个体的不同差异，表现在实际行为中，所收获的结果各有千秋。才能的体现，一般与实践相联系，实践给了检验能力的环境，同时又是检验能力的标准。但人的能力也分成了不同的等级，有一般能力、特殊能力、再造能力、创造能力、认知能力、元认知能力、超能力等。一般能力是指在进行各级活动中必须具备的基本能力。通常情况下，拥有正常智力的人基本上都具有一般能力。对于人才而言，在一般能力的基础上，他的再造能力与创造能力要比普通人高出很多，他在实践活动中对于各项能力的运用或表现出的特殊性，都会令他超越一般能力，如语言能力、绘画能力、音乐能力、动手能力、操作能力、记忆能力、拼接能力、综合能力等，只要在任何一方面高于其他某个领域的人的话，都能称得上"人才"。这类人不仅能够顺利掌握前人所积累的知识、技能，并按现在的模式进行活动，并且能够通过自己的认知、记忆进行再创造，同时还能在活动中创造出新颖的、独特的、有社会价值的产品。通常情况下，这种人的接受、学习、模仿、领悟、创造等能力要优于他人。

从历史的发展来看，众多的、不同阶段的人推动了历史的发展，但在这一过程中，优秀的人、超于普通之人的"领袖"才是带领大家创造着一个又一个的历史的人。他们体现出了人类能力的差异，让我们对"人才"这个词的意义又有了一个明确的认识。

3. 有用的人

所谓有用的人，即对社会发展与他人需要有作用的人。人才存在的价值即为有用，不仅对他人有用，还需要对自己有用，即是自我的一种需要。美国心理学家马斯洛把人的需要归纳为五个等级：生理需要、安全需要、交往需要、尊重需要和自我实现。在实现基本需要后，作为群体动物，人便趋向于对自我价值实现的一种需要。人们需要向他人展示自己的能力，需要得到他人的认可，所以才能够激发潜能、展现能力。"人才"，便是在一定的环境与工作中得到机会向他人展示能力的一群人。当人的能力获得别人肯定，被给予了应有的尊重后，人的自尊心便会得到极大满足，感觉到存在的价值。同时，"人才"作为在某一方面能力优于他人的一类人，在同辈当中或同一群体里面，因急于展示自我价值，有时便会受到他人的排挤和打压，所以这一类人，在逆境当中感受的挫折感也会多于他人。但不管怎么样，如果不能让他人感知你的能力，便也不能称之为"人才"。因此，"人才"一方面是指有用的人，特别是在人与环境的能量交换的过程中，当能量资源变得难以获取时，人便会激发出身体的潜能，使原来积累的才能得以施展，以最大的力量去换取物质资料，于是在同样的环境中，优于他人的人才便出现了。例如，当中国在 20 世纪 90 年代因国有大型企业在发展过程中遭遇到瓶颈，原有的环境与机制已经难以激发人的力量时，下岗便成了缓解企业压力的方式。有些人因长期的国有体制已经养成了以最小的能力便可获得生活物质资料的习惯，在面对突如其来的下岗变故时难以接受，更在失去工作后无所适从，难以找到生活的方向；但一些头脑灵活、日常生活中一直在积极学习、储备能量的人，很快便能重新找到人生的方向，无论是自己创业还是到外资企业中，很快便可以崭露头角，成为人中龙凤。可见，要想成为有用之人、发挥作用之人，没有一定的知识与能力是根本不可行的。再者，环境能够造就人才，但同样也能让人才流失。"良禽择木而栖"，当一定的环境难以满足个别人才价值的实现时，他们就会选择跳槽，直到找到一个满意的工作为止。这不是一种"急功近利"的做法，而是人们尊重与实现自我的需要。

4. 有学历的人

现代社会，学历教育已经成为对人才的一种基本要求。从学历上讲，以我国目前统计口径来说，所谓人才是具有中专（职高）学历及以上或具有初级职称以上的工作人员。虽然学历不是对人才认定的唯一标准，但不可否认的是，具有一定的学历要求就具备了成为人才的基本条件。中国目前已经完全实现了九年制义务教育，并在此基础上正向着更高层次迈进，因此达到一定的学历要求，获得一定的学历证书也是社会对人才的需求。从最低的中专（职高）到职业技术学院，再到普通本科、硕士、博士，虽然呈三角形态势，越到顶端，越高学历，越难以获得，但中国人对学历教育的追求热情也越来越高涨，相应地，出国留学的人也越来越多。人们对学历及其含金量的重视程度也在逐步提高。

（二）人才的划分

对于人才的分类，不同的标准、不同的领域可以对人才进行多种分类。从社会需要来看，社会的发展需要不同层次、不同规格的人才；从世界范围来看，国内、内外也有不同的类型。

1. 国内人才分类

近些年来，国内目前被广泛接受的社会人才分类是从生产或工作活动的过程和目的来进行分类，总体上可以分为两大类：研究型人才和应用型人才。而后者又可以分为三类，即工程型、技术型和技能型。因此，人才分类所形成的共识基本有四类，即学术型、工程型、技术型和技能型。与此相对应的教育类型则是学术性高等教育、专业性高等教育、技术教育和职业教育。前两类属普通高等教育，后两类统称技术和职业教育，在我国通常被称为职业技术教育或职业教育。

这四类人才实质上是按知识能力结构进行区分的，因为只有这种分类方法，才有可能使人才类型与教育类型、课程类型相对应。

在社会上，这四类人才按一定比例组成的人才结构会随着生产力的发展而发生变化，如果比例失调，将会阻碍生产力的发展。

2. 国外人才分类

（1）美国的分类方法

与我国分成四类人才和四类教育的做法相比较，美国的分类与中国总的框架极为相似，但美国将学术型、工程型两类人才合并成工程师一类，将学术性高等教育、专业性高等教育合并成专业教育一类；另将技能型人才分成技术工人与半技术工人两类。美国的分类法在最初制定时，按学习总年限的长短来区分职业等级，但近年来已出现交叉。

（2）欧洲某些国家的分类方法

欧洲某些国家将工程师分成三类：①C类（理论工程师），招收完全中学毕业生学习4～6年；②L类（联络工程师或高级技术员），招收完全中学毕业生学习3年；③E类（实施工程师），招收十年级学生学习2年。与我国区分四类人才相比较，C类应是工程型人才，而L类及E类则是不同层次的技术型人才。

（3）发达国家与发展中国家的分类方法

由于技术型人才是新类型人才，直到20世纪80年代还有个别发展中国家尚未建立起培养这类人才的学制。而在美国有学者又提出应在学术型（科学型science）和工程型（engineering）之间再插入一类工程科学型（engineering science），这是由于现代科学技术的复杂程度越来越高，将科学原理应用于生产实际跨距很大，不插入中间一类人才，很难将科学原理转化为生产力。

二、应用型人才的内涵与分类

《国家中长期教育改革和发展规划纲要（2010—2020年）》明确指出，不断优化高等教育结构，优化学科专业、类型、层次结构，促进多学科交叉和融合，重点扩大应用型、复合型、技能型人才培养。这是国家在经济战略转型时期对人才培养所提出的新要求，也是适应国际形势发展、与国际接轨的培养人才的要求。按照联合国教科文组织1997年颁布的世界教育分类标准，与普通高等教育培养学术型、工程型人才相对应，高等职业教育负责培养高等技术应用型人才。所谓应用型人才，是指能将专业知识和技能应用于所从事的专业社会实践的一种专门的人才类型，是熟练掌握社会生产或社会活动一线的基础知识和基本技能，主要从事一线生产的技术或专业人才，其具体内涵是随着高等教育历史的发展而不断变化的。

（一）应用型人才的内涵

所谓的应用型人才，顾名思义，适用需要，以供使用。对于育人而言，"应用"需要建立在对基础理论、基本知识点的掌握上，同时又能运用专业技能适应社会、市场对人才的需求。"型"则指类型。而"应用型"人才，主要强调的是能将学习材料用于新的具体情境，包括原则、方法、技巧、规律的拓展等。

应用型人才概念的提出，是社会发展到一定时期，当科技越来越发达时对社会分工细化的一种要求。应用型人才主要是在一定的理论规范指导下，从事非学术研究性工作，其任务是将抽象的理论符号转换成具体操作构思或产品构型，将知识应用于实践。简言之，应用型人才就是与精于理论研究的学术型人才和擅长实际操作的技能型人才相对应的，是既有足够的理论基础和专业素养，又能够联系理论将知识应用于实际的人才。而学术型人才的主要任务是将自然科学和社会科学领域中的客观规律转化为科学原理；应用型人才的主要任务是将科学原理直接应用于实践领域，从而为社会创造直接的经济利益和物质财富。应用型人才的核心是"用"，本质是"学以致用"，"用"的基础是掌握知识与能力，"用"的对象是社会实践，"用"的目的是满足社会需求，推动社会进步。

（二）应用型人才的划分

1. 应用型人才与学术型人才

传统的大学，被称为"象牙塔"，它是社会中少数精英人物才有机会、有资格进入学习的地方，"在学院和大学成为复杂的现代生活中的一个极其重要的组成部分之前，它们的对象在很大程度上只限于少数学术精英。"那么，此时的大学主要培养的就是学术精英，在19世纪上半叶德国和美国的大学教育与改革中，基本确立了精英教育的主导地位，而应用型人才则属于社会低层次、低水平的手工业者的代表名词。到了19世纪后半叶，随着工业时代对经济社会的推动，西方国家才开始发展以应用型人才为主的大学或学院，但只限于本科阶段人才的培养，而无专业硕士、专业博士。到了20世纪，自然科学、技术科学和工程科学得到了迅猛的发展，并快速取代了传统人文学科而成为主导学科，此时传统精英教育主要集中在哲学、文学、艺术、社会等方面的领域，已经远远满足不了后工业时代社会与经济的发展。同时，传统的精英教育人才数量的局限性暴露出了其对提高社会人才素质的缺陷。大学开始向普通民众开放，进入大众化的阶段，应用型人才逐渐成为大学培养的主要目标。虽然，学术型在重点大学或学术型研究机会中仍需要保留，但一般类院校已经开始转向对应用型人才的培养。

与应用型人才相比，学术型人才偏重于学理性、理论性，而在我国传统的本科教育中基本上还属于培养学术精英人才的阶段。应用型人才的出现，是对学术型人才的补充与实践，它能够把学术型人才所创造的理论化、系统性的抽象知识体系性应用于实践，并在实践中检验理论的正确与否。但毕竟社会更需要的是能为经济发展带来直接收益的人才，这一部分人才的需求是一个极大的空缺。因此，一批地方本科，特别是地方新建本科院校就提出了"应用型本科人才"的培养目标，强调在人才培养上与传统学术型人才的区别与差异，以服务地方、服务社会、服务经济为转向，开辟新的培养人才的道路。

2. 应用型人才与技术型人才

应用型人才强调对系统理论的掌握，注重对抽象知识的转化，与之相比，技术型人才的专业化、技术化更为突出，其知识结构更为单一。

从概念来看，技术型人才也属应用型人才，当前，有高校明确把人才培养目标定位为工程应用型或技术应用型。从学习角度来看，技术型人才更偏重于对技术的掌握与应用，通常会以技术员和工程师为主要培养对象。随着大学的发展，工程技术学科开始进入传统精英大学，培养的技术人才也成为精英大学极为重要的一部分，而这部分人对此类专业的追求与热爱甚至超越了传统的文理科专业学生。

除此之外，技术类人才的培养也主要出现在职业类院校。与学术型大学和一般性本科院校相比，职业类院校主要学习的就是技术性操作，他们培养出来的学生可以直接走上工作岗位，无须进行岗位适应。而应用型本科院校的学生，虽然在学校中有着对理论知识的实践，但与工作岗位之间仍存在着一个知识的转换与契合。他们可以在实践中转换知识，在岗位中运用理论。这类人才的自我提升能力具有更大的上升空间，他们能够迅速转换角色，适应新的环境。

三、应用型人才的能力结构

应用型人才主要指的是在各个领域特别是科学、技术和管理领域，具有扎实的理论基础，强烈的创新精神和能力，较强的实践能力和解决问题的能力，适应特定行业或职业实际工作需要的高素质人才。例如，高等院校培养的各类卓越人才、专业硕士和专业博士。这类人才的突出特征是综合性、专业性和应用性强，贴近企业、社会需求，但在学术方面不像学术型人才那样需要理论上的创新，他们主要侧重的是在实践中的运用，对专业技能的强化。而与高素质应用型人才层次相对应，学术型人才主要分为学术型本科、学术型硕士和学术型博士。此类人才主要关注自然科学、社会科学、人文科学领域发现和研究客观规律，偏重理论学习，其知识结构更注重系统性与理论性，学习的目的也是提高其科研能力和创新能力。

与学术型和技能型人才相比，应用型人才介于二者之间，比学术型人才更偏重技术知识，比技术型人才更强调理论性教育，以及技术知识的系统性和完整性，强调应用科学的能力。因此，在对应用型人才进行培养时，既要保证其对理论知识的学习，又要注重其运用理论的实践能力，无论是对基础类课程的通识教育，还是专业理论知识、抽象符号知识的学习都不能忽视，同时，还要保证其实践课时的到位，以理论来指导实践，以实践来提高理论。而对以培养应用型人才类型的地方新建本科院校来说，应立足地方经济、社会发展的需求，根据地方发展特色，调研人才市场需求，在培养应用型人才方面坚持"宽基础、宽专业、强应用、强素质"，要突出人才培养的规格具备现代性、地方性、适应性、未来性。因此，无论是课程体系的设置，还是师资力量的配备，教学大纲的改革以及教学设备的配套等，都应跟上步伐，以促进培养应用型人才为目标。

（一）应用型人才应具备高素养

许多人对培养应用型人才的理解是，只要培养其对专业知识的理解与应用即可，这就造成了许多二本院校，尤其是地方新建本科院校在培养人才的过程中，过于注重其专业课，而忽视了对学生人文素养的提高。《大学》中提到："大学之道，在明明德，在亲民，在止于至善。"可见，大学教育的根本目的还是在于彰显人的德行，绝不可本末倒置。《国家中长期教育改革和发展规划纲要（2010—2020年）》也指出："教育是民族振兴、社会进步的基石，是提高国民素质、促进人的全面发展的根本途径，寄托着亿万家庭对美好生活的期盼。"所以，教育的目的还在于启发人内心的美好，保持纯真的心性，开启内心的至善，感受人性的美好，构建发展社会的和谐。

美国芝加哥大学原校长 R. M. 哈钦斯说："大学如果日益成为职业培训所，就将丧失大学的理念或大学之道，成为乱七八糟的大杂烩。"由此可见，在提倡大学由传统精英教育向大众教育转型，由学术型走向应用型的过程中，最不能改变的根本就在于"大学之道"，即大学培养人才的根本目的。无论如何重视大学生的"职业能力"或"专业技能"，都必须恪守的依然是大学之道，我们应把学生教育成"人"，而不是培训成"器"，不应只是为社会输送掌握技能的人才，同时更应为社会输送能构建和谐社会、开创美好生活的人才。由此可见，大学中的人文素养课不但不可缺少，还应长期保证，并应从中国传统文化入手。以传统文化之精华培养学生心灵之美好。

目前，许多大学在必修的政治课外，多为理工类学生开设了人文素养类的通识教育课。此类课程，在大学课程体系中一般所占比重不高，且许多理工类学生对此并不重视，使得开课教师深感任重道远。但从长远来看，从一个国家、民族的综合素质来看，大学作为人生教育的最重要阶段，除了对学生起到专业技能的培训，更应为其树立正确的世界观、价值观，为其走入社会打下一个坚实的基础，让其成为一个合格的"人"，一个优秀的"人才"。康德在对"人何以成为人"的认识上，曾说道："人只有靠教育才能成为人，人完全是教育的结果。"教育学家夸纽斯也认为，"教育在于发展健全的人""只有受过合适的教育之后才能成为一个人。"可见，无论什么类型的教育，关键还在于培育"人"，若想使其成"才"，对其成为"人"的教育还应更重要一些。人才的存在是为了社会的发展，而社会发展的根本还在于让人们过上更美好的生活，社会的存在是为"人"服务的，千万不可本末倒置。大学时期，恰好是人生发展的关键时期，也是为未来人生确立方向的时期，这一阶段的教育决定了人生的丰富与高度，因此，无论是何种类型的大学，永远不可改变或淡化的就是以"人生"为主题的教育，即使其成为一个完整和谐的"人"的教育。

"百年大计，教育为本"，同样对于人生而言，百年人生，大学教育亦非常重要。人与动物和机器的区别就在于，人是有思想、有感情、有分辨美丑能力的高级动物。机器没有生命，动物不具人性，但人性的善、恶，关键还在教育。禅宗六祖慧能大师曾说："菩提本无树，明镜亦非台。本来无一物，何处惹尘埃。"所有人类最初的本质都是一样的，但后天环境与成长的不同导致了善恶的区分。爱因斯坦曾说：人若没有获得对美和道德鲜明的辨别力，"他——连同他的专业知识——就更像一只受过很好训练的狗，而不像一个和谐发展的人。"而教育的宗旨，是用来提升人格的，否则仅仅是由知识和技能武装起来的人才，有可能仅仅是"才"而不是"人"，而这将比普通人更为可怕。所以，目前在大学教育的转型期所不断提出的应用型人才培养模式下，我们更应该注重的是对人才的素质提高、情感升华、人格提升、精神陶冶的一种培养，只有如此，才能为之"能力"与"技能"的培训更好地保驾护航。

（二）应用型人才应具备高能力

与技术型人才相比，应用型人才是大学在由精英教育向大众教育转型时期所出现的改革，同时也是地方新建本科院校为适应地方经济的发展而做出的调整，它与由职业技术学院所培养的技术型人才不同。职业类院校主要以技术实践为主，不太注重对理论知识的掌握；而学术型人才，又过于强调对客观规律的学习与研究，从而只顾进行知识的创新；身处二者之间，应用型人才则需能运用客观规律为社会创造直接利益，既要具备扎实的专业知识，又要具有较强的实践能力，并能将学术型人才所创造的成熟的理论、方法、规律、技术等用于实际工作，用理论来指导实践，用实践来检验理论。但有些人，把应用型人才等同于技术型人才，认为应由职业院校进行培养，而大学，无论何类级别大学，都属于培养精英的地方。因此，在面对大学适应社会需要的改革时，提出要培养"高素质应用型人才"，兼具素质与实践，不仅要重视大学培育人才的根本宗旨，同时要帮助学生将理论运用于实践，在教学中践行其应用。只有如此，才能真正实现大学教育对社会、对人才的真正价值。因此，对于培养应用型人才的大学而言，必须顺应潮流、改变人才培养模式，在学习国内外应用型大学先进经验的基础上，通过改革课程体系、修订培养方案、完善教学大纲的方式，以针对人才的个性化条件有的放矢地修订培养方案，以精细化的教学管理来达到人才培养的目标，以增加教学实验条件来提供实践教学的空间，以配备双师型师资来指导学生实践，提高其专业的应用性等，为打造更为优质的应用型人才而努力。

第二节 应用型人才培养的现实意义

一、应用型人才培养的背景

在全球范围内，伴随高等教育大众化的发展，高等教育的职业化是一个重要的趋势。世界各国普遍认为，大学课程必须为越来越复杂的工作提供相应的训练。因此，今天的本科生比以往任何时候都要强烈地感受到，在大学里不仅要为自己的职业生涯做准备，而且还要为某一具体的岗位做好准备。但在学术本位导向下，以研究型大学为代表的传统学术型高等教育固守精英学术人才培养理念，而以为学生未来从事科学研究做准备，将职业性课程视为眼中钉。为此，世界各国不得不兴建发展了一批新型高等教育机构，以为学生未来职业生涯做准备是其根本特征。因此，职业性是应用型人才的根本属性，既具有普通高等教育性质，又从属于职业教育范畴。

而在高等教育系统开放的西方社会看来，现代大学存在的根本理由就是社会对"专门职业人"的需要，因此应用型本科人才是适应社会职业发展需要的专业性人才，这类人才必须接受特定正规的高等学校教育，具备该职业特具的专门的知识和技能；必须经过和接受比普通职业更多的教育和训练，包括高水平的普通教育和训练；必须具备符合专门职业要求的知识标准、技术标准和专业伦理等；必须依法取得社会承认的职业资格证明或开业注册许可；等等。而这些应用型人才必须具备的高素质，只能交由正规的高等教育院校来进行培养。同时，应用型人才的出现，必须适应经济社会的发展与科学技术的进步，传统意义的手工操作、小作坊式生产、师傅带徒弟的培养方式已经远远满足不了工业时代对机器的操作，以及大工业时代对精密仪器的控制。因此，在社会职业和工作性质都发生了极大变化的情况下，要求就业者必须有能力迅速适应变化，包括通过在职训练和转岗／转职培训而获得的能力和素质。而对应用型本科人才的培养，是着眼于整个职业生涯而不是针对专业职业或具体岗位的发展的。另外，应用型人才的基础性体现在职业性和专业性，而职业性和专业性是以本科教育本身的丰富性和知识基础性为根基的。一般来说，接受普通教育的时间越长、知识基础越牢的人更能有效地学习和掌握新技术新知识，无论对个人还是企业，经济回报都比较高。所以，应用型本科人才在强调专业性、职业性知识与能力培养和训练的同时，也不能忽视其他本科教育的目的，应更加重视本科教育普通知识和基础能力的培养，而这些不仅是对其专业知识的一种补充，同时更能体现普通高等教育的特色与专长。高等教育需要培养的是人才，而不是专才，社会需要的是人格健全、性格正常、知识全面并拥有专业素养的人才，因此，职业性、专业性和基础性贯穿于人才培养的始终，三者相辅相成、交叉影响，缺一不可。

而从中国社会发展来看，随着中国改革政策的实施，经济得到了迅猛发展，连续 30 多年保持了接近 10% 的经济增长。但经济的快速增长也同时暴露出了较多的问题，即经济发展的不平衡、不协调，过度依靠自然资源的消耗和粗放型的发展模式，都已经难以适应新形势下中国经济的发展。作为决策者，中国国家领导人已经认识到中国产业发展的短板，为使经济发展保持可持续性增长，由单纯的资源依赖型转变为主要依靠科技进步和人口素质，产业结构的转型升级迫在眉睫。但传统固有的产业结构的调整不是一朝一夕就能完成的，要想将中国制造变为中国创造还有很长的一段路需要走，而这其中人才就是发展与转变的关键。转变经济发展模式，从粗放型到精细化发展，最本质、最核心、最持久、最重要的是劳动者职业素质的提高。因此，由高等教育机构承担培养出应用型人才这份不容推卸的责任，是我们实现中

23

国梦、立足世界强国行列的根本。

二、应用型人才培养的意义

任何社会、任何时代，人才都是国家与社会发展的核心，只有人才素质提升了，各行各业才能进入经济发展的上升期。

（一）实现国家经济腾飞的根本要求

应用型人才是经济社会发展的急需人才，是与行业产业紧密衔接的高素质劳动者，他们不仅具有较强的实践能力和解决问题的能力，同时还具有强烈的创新精神和能力。

目前，中国的经济正处于一个稳中有升的发展态势，传统的粗放型经济模式已经逐步被淘汰或取代，中国经济发展中的技术型力量在逐渐变强，科技的发展带来新的人才需求。对先进科学技术的掌握必须是有能力、有素质的高端人才，而依靠高端人才来发展经济的模式已经在发达国家得到了验证。美国硅谷即是明证，这是一个全世界高科技技术云集的地方，汇聚了惠普、英特尔、苹果、朗讯等大公司，融科学、技术、生产于一体。同时，这也是一个高端技术人才的聚集地，它的高技术从业人员的密度居全美国之首。同时，它更是美国信息产业人才的集中地。在硅谷，集结着美国各地乃至世界各国科技人员达 100 万人以上，美国科学院院士在硅谷任职的就有近千人，获诺贝尔奖的科学家就有 30 余人，它成为美国青年心驰神往的圣地，也是世界各国留学生的竞技场和淘金地。当然，这其中也包括了无数的华人，譬如清华大学的很多毕业生，都已经成为硅谷公司的员工。众所周知，这些公司所创造的经济价值是难以估量的，尤其是在不断交替上升过程中的科技公司，许多已成为全世界名牌的公司，如苹果、惠普、英特尔等，其产品与影响遍布全世界。

所有的一切都证明，人才是经济发展的根本，要想实现中国经济的腾飞，实现中国人民的中国梦，应用型人才与学术型人才、技术型人才都是不可或缺的。

（二）落实国家教育改革和规划纲要的要求

《国家中长期教育改革和发展规划纲要（2010—2020 年）》中指出，我们要重点扩大应用型、复合型、技能型人才的培养规模，加快发展专业学位研究生教育，同时要造就宏大的高素质人才队伍，大力开发经济社会发展重点领域急需紧缺的专门人才，培养造就数以亿计的各类人才，数以千万计的专门人才和一大批拔尖创新人才。可以说，人才战略的启动，是国家在认清经济发展局势后，对经济结构的调整，对行业内急需人才的呼唤，对人才培养模式的新要求，同时也是在经济转型时期对需求人才的定位。这就要求高等教育机构，特别是新建地方本科院校，要转变人才培养模式，找准定位，加快对高素质应用型人才培养的步伐。

（三）提高国民素质的关键

国民素质的提高，必须依赖教育事业。在实现了九年制义务教育后，社会大范围内整体素质的提高则需要依靠高等教育。目前来看，中国教育事业已经取得了较大的进步，其成绩令世人瞩目。但从中国人口的总比重来看，中国人口基数较大，教育底子较为薄弱，还有很多人难以进入大学接受高等教育的学习，所以在人才的需求上还存在着较大的缺口。目前，现有的人才培养模式与人才数量还难以满足经济发展的需要，而传统高等教育机构所培养出的人才又与市场需求之间存在着一定的偏差。因此，在新形势下，我们无论是对人才培养的观念、模式、平台还是机制等方面，都必须尽快进行转变，要加快对应用型人才培养的步伐，找准市场需求的定位，加快校企、校政、校校等之间的联系，促进相互之间的合作，提高学生的实践动手能力和创新能力；要培养学生的整体素质，尤其是使其成才、成人的精神文明素养；要增加应用型人才培养的实践平台，增加实践实训项目；要尽早确立应用型人才培养的质量保障与评价体系，完善其培养机制，提供相关政策的扶持，并加大其力度。只有如此，才能把人才培养，尤其是应用型人才培养落到实处，看到真实有效的人才培养成果。

三、应用型人才培养模式的路径探究

人才培养模式，即在一定的教育思想和教育理论指导下，为实现一定的培养目标，在培养过程中采取的某种培养学生掌握系统的知识、能力、素质的结构框架和运行组织方式。教育部在 2005 年印发的《关于进一步加强高等学校本科教学工作的若干意见》中明确指出，"深化教学改革"的主要任务之一就是"优化人才培养过程"。高校"要以社会需求为导向，走多样化人才培养之路"，通过人才培养模式的改革，"办出特色，办出水平"。

2007 年，为贯彻落实党中央、国务院关于高等教育要全面贯彻科学发展观，切实把重点放在提高质量上的战略部署，教育部连续出台了《教育部财政部关于实施"高等学校本科教学教学质量与教学改革工程"的意见》（教高〔2007〕1 号）、《教育部关于进一步深化本科教学改革全面提高教学质量的若干意见》（教高〔2007〕2号）两个文件，就在高等教育发展的新形势下，如何深化教育改革，构建符合时代要求的人才培养模式等工作做出部署，对高校的人才培养模式改革提出了新的要求与目标，高校的人才培养模式改革与探索已经进入一个新的发展阶段。

因此，要培养出应用型人才，其培养模式必须围绕着人才培养目标、教学制度、课程结构、课程内容、教学方法、教学组织形式等，以明确的目标，完善教学制度，优化课程结构与课程内容，采取多样化的教学方法，以多种模式的教学组织形式，为最终能够培养出应用型人才而不断地探索与实践。

（一）构建以能力、素质为核心的教育体系

应用型人才是综合素质和专业能力和谐发展的较高层次的人才类型。在突出"应用"特征的同时，还要具备"综合素质和专业能力和谐发展"的特征，并且在突出培养其复合性、应用性、综合性、实践性等特征基础上，应同时注重提升其专业素养，在应用型人才综合素质和能力培育上形成特色鲜明的人才培养模式。

对应用型人才来说，他们不仅要掌握一定的专业理论知识，具备较强的实践能力和优秀的专业素质，还需具有高度的责任心、自信心、道德感、团队精神等能体现其素养的非专业素质，这也是应用型人才与学术型人才和技能型人才不同的方面。另外，在知识方面，他们要有一定的知识深度，既要以"能力"和"应用"为主，又要有"专业基础扎实，理论基础强"的精神面貌。同时，他们还要有一定的知识宽度，要熟练掌握所学学科专业知识，同时能将理论用于实践，具备用理论来指导实践的能力。

依据应用型人才的专业性与综合性，在其知识结构上要注重培养其"专业性"，在其能力素质上，要注重培养"综合性"。在对人才的培养上，针对人才培养方案，基于要达到的能力和素质培养指标，既要突出知识能力的传授，又要注意综合素质的提高。因此，必须要对传统的人才培养方案与教学大纲进行改革。首先，改革通识课程。在国家规定的通识课程基础上，加入对人文素养课程的学习，增加人文素养课程模块，规定其必修与选修类课程，要求学生特别是理工科等学生，必须达到规定的人文素养类课程学分，以此保障学生综合素质的提高。其次，增加以提高"能力"素质为目标的课程类别。以培养应用型人才为目标，必须建构基于提高能力指标的课程体系，无论是文科还是理工科，必须在理论课程的基础上，构建独立设置的单独的实践教学课程。传统的课程体系，在学科类课程与专业必修课中，除了毕业实习与毕业设计环节，实践课程往往依托在理论课程中，属于理论课程内包

含的实践环节，特别是文科类学生，实践课程更是少之又少，而这与以市场需求为转向的应用型人才的培养是不相符的。应用型人才的培养，要以社会需求、市场定位为转向，在对人才"应用性"的培养上，必须增加实践类环节，设置单独的实践类课程，使实践课程与理论课程相匹配，以此提高专业的实践应用性。最后，以要培养的能力与素质为核心，搭建相关的平台。为达到应用型人才的培养目标，与之相关的条件必须予以配备，如保障达到能力指标的教学管理，配备符合能力指标的师资队伍、契合能力指标的外部合作平台、满足能力指标的教学与考评机制等。教育教学的改革，人才培养目标是关键，而人才培养指标与措施则是保障。对于实践环节的指导，必须配备"双师型"教师，并能与学校之外的平台建立合作，可采取不同的合作模式，如校政合作、校企合作、校校合作、国际合作等，并建立行之有效的教学与考评目标，在不断的建设过程中，逐渐优化考评机制，以此完善教育教学的改革，形成良性循环。

（二）制定以应用型人才为目标的培养模式

培养应用型人才是将高等教育大众化却又不降低其培养质量的基本要求。在高等教育由传统精英化向应用型人才转变过程中，保持人才培养的质量是教育的目的。根据高等教育的不同学历层次，应用型人才可细分为专科层次、本科层次、研究生层次等。如果说研究生层次是高层次的应用型人才，那么本科层次就是较高层次的应用型人才，其人才素质不仅应高于专科层次，在理论涵养上也应高于职业技术院校类人才。

本科阶段应用型人才的培养不仅在为社会输送优质的人才，同时也使学生可往更高的研究生阶段继续学习。因此，在培养应用型人才时，针对其培养模式，因材施教，根据学生的意愿、兴趣、志向等制定相应的具有个性的人才培养模式。例如，对于那些进入大学后即有志于考研的学生，在学校的平台上，即应为其提供相应的平台，无论是在相应的硬件设施，如自习室的配备上，还是软件条件，如相应的师资配备上，都应为人才的素质提升而服务。

（三）打造以可持续发展为机制的培养目标

高等教育是人生过程中的重要教育阶段，它不仅决定了人生的职业，同时也决定了人生的方向。人才的培养既要符合学科、专业发展特色，又要能为人才能力与素质的全面提升而努力，这对高等学校而言，不仅是一种挑战，也面临着机遇。

从教学管理来说，这就要求我们的管理部门应对现代社会发展形势下高等教育的作用与定位予以清晰的认识，能够抓住机遇，明确市场需求，转变人才培养方向。应从国家与社会对人才的需求出发，为培养高素质应用型人才、明确教学管理的目标与要求、打造人才培养的长效机制而努力。

从师资队伍来看，人才培养的关键还在于必须有一支高素质、高水平的师资队伍，教师的能力决定对人才培养的优劣，而在对应用型人才的培养上，"双师型"教师又不可缺少，必须适当从企业、机关或事业单位聘请相关的技术性人员，担任大学教师或定期进入大学开办讲座，抑或不定期送教师进入相关企业进行培训、学习，增强在实体中的实战经验，了解企业机制与人才需求，反过来更有利于指导学生实践教学。除此之外，应用型人才的高素质定位，还要求教师具备一定的科研能力与实力。实践用于检验真理，真理又可以指导实践，教师理论水平的提高体现在科研中，既可以促进理论教学，又能在实践中得到运用与检验，对人才的持续培养都具有稳定与支撑的作用。

从大学培养与地方服务的关系来看，二者密不可分，相辅相成。地方负有对大学进行财政支持的作用，大学肩负为地方培养人才、输送人才的重任。为了地方经济能够良好稳定的发展，大学必须以可持续发展的机会来培育人才，无论是对人才精神、素质、修养、人格的培养，还是对其能力、应用、技能的打造，都应以经济和社会的稳定与持续作为未来目标，以相互之间的支持与合作来保障二者之间的良好循环与互动。为构建和谐、稳定的社会而各尽其责。

第三章 计算机专业应用型人才需求与培养目标

对计算机人才的需求是由社会发展大环境决定的，我国的信息化进程对计算机人才的需求产生了重要的影响。信息化发展必然需要大量计算机人才参与到信息化建设队伍中。因此，计算机专业应用型人才的培养目标和人才规范的制定必须与社会的需求和我国信息化进程结合起来。

第一节 当今对计算机专业应用型人才的需求

由于信息化进程的推进及发展，计算机学科已经成为一门基础技术学科，在科技发展中占有重要地位。计算机技术已经成为信息化建设的核心技术和一种广泛应用的技术，在人类的生产和生活中占有重要地位。社会高需求量和学科的高速发展反映了计算机专业人才的社会广泛需求的现实和趋势。通过对我国若干企业和研究单位的调查，信息社会对计算机及其相关领域应用型人才的需求如下：

一、社会需求结构对应用型人才的需求

国家和社会对计算机专业本科生的人才需求，必然与国家信息化的目标、进程密切相关。计算机专业毕业生就业出现困难不仅是数量或质量问题，更重要的是满足社会需要的针对性不够明确，导致了结构上的不合理。计算机人才培养也应当呈金字塔结构，如图 3-1 所示。在这种结构中，研究型的专门人才（在攻读更高学位后）主要从事计算机基础理论、新一代计算机及其软件核心技术与产品等方面的研究工作。对他们的基本要求是创新意识和创新能力。图中工程型的专门人才主要应从事计算机软硬件产品的工程性开发和实现工作。对他们的主要要求是技术原理的熟练应用（包括创造性应用）、在性能等诸因素和代价之间的权衡、职业道德、社会责任感、团队精神等。金字塔结构中应用型（信息化类型）的专门人才主要应从事企业与政府信息系统的建设、管理、运行、维护的技术工作，以及在计算机与软件企业中从事系统集成或售前售后服务的技术工作。对他们的要求是熟悉多种计算机软硬件系统的工作原理，能够从技术上实施信息化系统的构成和配置。

图 3-1　人才需求的金字塔模式

与社会需求的金字塔结构相匹配，才能提高金字塔各个层次学生的就业率，满足社会需求，降低企业的再培养成本。信息社会大量需要的是处在生产第一线的编程人员，占总人数的 60% ~ 70%；中间层是从事软件设计、测试设计的人员，占总数的 20% ~ 30%；处在最顶端的是系统分析人员，占总数的 10%。例如，据《中国经济周刊》报道，2012 年十大热门招聘职业中，软件人才居第三位，且移动、数据、云服务等领域面向应用的技术人员需求大为增加。但是，目前计算机从业人员的结构呈橄榄形，如图 3-2 所示。

图 3-2　计算机从业人员的橄榄形结构

由此可见，应用型人才的培养力度还需要加强。对于应用型人才的专门培养正是计算机专业应用型本科教育的培养目标。目前，其市场需求可以分为两大类：政府与一般企业对人才的需求、计算机软硬件企业对人才的需求，如图 3-3 所示。

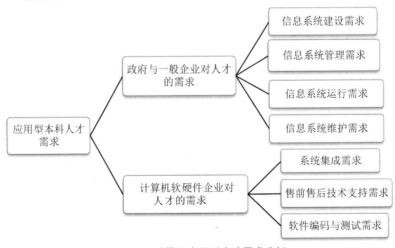

图 3-3　计算机应用型人才需求分析

计算机本科应用型人才首先应该能够成为普通基层编程人员，通过一段时间的锻炼，他们应该能够成为软件设计工程师、软件系统测试工程师、数据库开发工程师、网络工程师、硬件维护工程师、信息安全工程师、网站建设与网页设计工程师，部分人员通过长期的锻炼和实践能够成为系统分析师。

二、计算机市场对计算机应用型人才的需求

计算机市场由硬件、软件和信息服务市场构成。其中，计算机硬件市场由主机、外部设备、应用产品、网络产品和零配件及耗材市场五部分构成；软件市场由平台软件、中间软件和应用软件三部分构成；信息服务市场分为软件支持与服务、硬件支持与服务、专业服务和网络服务四部分。计算机应用型本科人才的培养层次结构、就业去向、能力与素质等方面的具体要求要符合计算机市场的需求。

三、信息社会对研究型和工程型人才的需求

从国家的根本利益来考虑，必然要有一支计算机基础理论与核心技术的创新研究队伍，需要高等学校计算机专业培养相应的研究型人才，而国内的大部分 IT 企业（包括跨国公司在华的子公司或分支机构）都把满足国家信息化的需求作为本企业产品的主要发展方向。这些用人单位需要高等学校计算机专业培养的是工程型人才。

四、信息社会对复合型计算机人才的需求

在当今的高度信息化社会中，经济社会的发展对计算机专业人才需求量最大的不再是仅会使用计算机的单一型人才，而是复合型计算机人才。对于复合型计算机人才的培养，一方面要求毕业生具有很强的专业工程实践能力，另一方面要求其知识结构具有"复合性"，即能体现出计算机专业与其他专业领域相关学科的复合。例如，计算机人才通过第二学位的学习或对所应用的专业领域的学习，具备了计算机和所应用的专业领域知识，从而变成复合型应用人才。

五、信息社会对理论联系实际人才的需求

目前计算机专业的基础理论课程比重并不小，但由于学生不了解其作用，许多教师没有将理论与实际结合的方法与手段传授给学生，致使相当多的在

校学生不重视基础理论课程的学习。同时在校学生的实际动手能力亟待大幅度提高，必须培养出能够理论联系实际的人才，才能有效地满足社会的需求。为了适应信息技术的飞速发展，更有效地培养大批符合社会需求的计算机人才，全方位加强高校计算机师资队伍建设刻不容缓。

六、企业对计算机人才的素质教育需求

企业对素质的认识与目前高等学校通行的素质教育在内涵上有较大的差异。以自主学习能力为代表的发展潜力，是用人单位最关注的素质之一。企业要求人才能够学习他人长处，弥补自己的不足，增强个人能力和素质，避免出现"以我为中心、盲目自以为是"的情况。

第二节 计算机专业应用型人才能力需求层次

对计算机专业应用型人才能力培养目标的设定需要人才能力需求的层次作为基础依据，人才能力需求层次又将决定专业方向模型，且任何能力都可以由能力的分解构成，其设定在很大程度上影响着对人才的培养。应用型本科教育的培养要求是使学生毕业时具有独立工作能力，即学校在进行人才培养前首先要对人才市场需求进行分析，依据市场确定人才所需要的能力。应用型本科教育应将能力培养渗透到课程模式的各个环节，以学科知识为基础，以工作过程性知识为重点，以素质教育为取向。

在计算机人才的金字塔结构中，最上层的研究型人才注重理论研究，而从事工程型工作的人才注重工程开发与实现，从事应用型工作的人才更注重软件支持与服务、硬件支持与服务、专业服务、网络服务、Web系统技术实现、信息安全保障、信息系统工程监理、信息系统运行维护等技术工作。结合应用型本科的特点，人才能力需求层次的划分应涉及工程型工作的部分内容和应用型工作的全部内容，其层次分为获取知识的能力、基本学科能力、系统能力和创新能力，如图3-4所示。

从图3-4中可以看出，对毕业生最基本的要求是获取知识的能力，其中自学能力、信息获取能力、表达和沟通能力都不可缺少，这也是成为"人才"的最基本条件。学校在制订教学计划时，更应该注重学生基本学科能力培养的体现，这是不同专业教学计划的重要体现。基本学科能力中的内容已是在较高层面上的归纳，对基本学科能力的培养，并不是几门独立的课程就可以完成的，要由特色明显的系列课程实现应用型人才所具备的能力和素质培养。

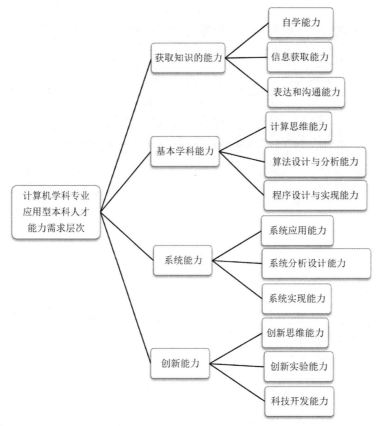

图 3-4　应用型人才能力需求层次

　　之所以将系统能力作为人才能力需求的一个层次划分，是因为系统能力代表着更高一级的能力水平，这是由计算机学科发展决定的，计算机应用现已从单一具体问题求解发展到对一类问题求解。正是这个原因，计算机市场更渴望学生拥有系统能力，这里包括系统眼光、系统观念、不同级别的抽象等能力。这里需要指出，基本学科能力是系统能力的基础，系统能力要求工作人员从全局出发看问题、分析问题和解决问题。系统设计的方法有很多种，常用的有自底向上、自顶向下、分治法、模块法等。以自顶向下的基本思想为例，这是系统设计的重要思想之一，让学生分层次考虑问题、逐步求精；鼓励学生由简到繁，实现较复杂的程序设计；结合知识领域内容的教学工作，指导学生在学习实践过程中把握系统的总体结构，努力提升学生的眼光，实现让学生从系统级上对算法和程序进行再认识。

　　创新能力来自不断发问的能力和坚持不懈的精神。创新能力是在一定知识积累和开发管理经验的基础上，通过实践、启发而得到的，创新最关键的条件是要解放自己，因为一切创造力都根源于人潜在能力的发挥，所以创新能力是在获取知识能力、基本学科能力、系统能力之上。一个企业的发展必须要有一个充满创新能力且团结协作的团队。

第三节　计算机专业应用型人才培养目标

人才培养目标指向是应用型高等教育和学术型高等教育的关键区别，其基本定位、规格要求和质量标准应该以经济社会发展：市场需求、就业需要为基本出发点。

一、应用型人才培养目标

计算机专业应用型人才培养目标可表述如下：

本专业培养面向社会发展和经济建设事业第一线需要的，德、智、体、美全面发展，知识、能力、素质协调统一，具有解决计算机应用领域实际问题能力的高级应用型专门人才。

计算机专业培养的学生应具有一定的独立获取知识和综合运用知识的能力，较强的计算机应用能力、软件开发能力、软件工程能力、计算机工程能力，能在计算机应用领域从事软件开发、数据库应用、系统集成、软件测试、软硬件产品技术支持和信息服务等方面的技术工作。

二、应用型人才培养规格

应用型本科侧重于培养技术应用型人才，因此，应用型计算机本科专业下设计算机工程、软件工程和信息技术 3 个专业方向。

该专业培养的人才应具有计算机专业基本知识、基本理论和较强的专业应用能力以及良好的职业素质。对所培养人才的知识结构、能力结构和素质结构的要求分别如表 3-1 至表 3-3 所示。

表 3-1　知识结构要求

知识结构		
工具性知识	外语	具有一定的阅读本专业外文书籍和资料的能力；能够撰写专业文章的外文摘要；能够利用外文进行一般性交流
	文献检索	掌握文献检索。资料查询的基本方法，具有利用现代信息技术获取所需信息、进行综合利用的能力
	科技写作	能够按要求归纳、总结各实践教学环节所做的工作，撰写实验报告、实训总结、毕业设计论文

知识结构		
人文社会科学	文学与艺术	了解部分中、外著名作家及代表性作品;具有基本的音乐、美术常识
	哲学	了解辩证唯物主义和历史唯物主义的基本原理,学会运用马克思主义世界观、方法论观察和分析问题,树立正确的人生观和价值观
	政治学	系统地学习马克思列宁主义、毛泽东思想、邓小平理论、"三个代表"和科学发展观,理论联系实际
	社会学	了解社会学的理论,能够运用社会学的思想、观点指导工作和生活,有较强的社会责任感
	法学	掌握基本的法律知识,自觉遵纪守法;具有知识产权保护意识;能够利用法律维护自身权益
	心理学	具有一定的心理学知识,能够针对所遇到的心理问题和困扰进行自我调整,促进心理的健康发展
	思想道德	具有中华民族传统的道德观念和优良品质
	职业道德	爱岗敬业、团结合作、勤奋刻苦、有责任意识
自然科学	数学	具有从事相关工程工作所需的数学知识
	物理学	具有必要的大学物理知识
经济管理	经济学	了解经济学的基本问题和基本观点,认识社会主义市场经济体制下的经济规律
	管理学	具有一定的管理学知识
专业知识	大类专业基础知识	较熟练地掌握专业导论、电路与系统、数字逻辑、离散结构、计算机基本技能、高级语言程序设计、数据结构、计算机体系结构与组织等专业基础知识
	专业主修知识	较熟练地掌握操作系统、计算机网络、数据库原理与应用、软件工程、面向对象程序设计等专业主修知识
	专业方向特色知识	计算机工程方向: 模拟电子技术、数字信号处理、接口技术、图形学与可视化计算、人机交互、嵌入式系统等 软件工程方向: 工程经济学、软件需求、软件建模与分析、人机交互、软件项目管理、软件测试等 信息技术方向: Web系统和技术、信息安全保障、信息系统工程监理、信息系统工程与实践、系统管理与维护、信息技术与社会环境等

表 3-2　能力结构要求

能力结构		
获取知识的能力	自学能力	具备自主学习的能力、良好的学习习惯、科学的学习方法和终身学习的观念；具有在学习中发现问题、分析问题和归纳总结，以及独立获取新知识的能力
	信息获取能力	具备运用各种媒体进行资料搜集、归纳和文献检索的能力
	表达和沟通能力	具备与人沟通能力、社会交往能力、文字表述和语言表达能力、团队合作能力、组织协调能力
基本学科能力	计算思维能力	包括形式化、模型化描述和抽象思维与逻辑思维能力
	算法设计与分析能力	具备对问题进行分析、构建数学模型，引用典型算法的能力
	程序设计与实现能力	能够结合实际、选取适当的数据结构和算法，利用计算机语言工具编写程序，解决一般性的信息管理问题
系统能力	系统应用能力	具有数据库选取、配置、管理能力；网络组件选取、装配、管理能力；软件系统及 Web 站点的维护能力；使用流行软件工具的能力
	系统分析设计基本能力	具有设计人机交互界面的能力；信息系统解决方案的设计能力；软件需求抽取、分析、建模的初步能力；软件体系结构的设计和详细设计的基本能力
	系统实现能力	具有中小规模软件系统的实现能力；软件项目管理的基本能力；具有一定的软件测试能力；将理论与工程实践相结合的能力
创新能力	创新思维能力	在学习中能够提出不同的见解，思路开阔
	创新实验能力	在实践环节中能够设计实验方案，探索、验证已有结论
	科技开发能力	在工作中能提出多种解决问题的思路、完成任务的方案和途径

表 3-3 素质结构要求

素质结构		
思想道德素质	政治素质	坚持四项基本原则，热爱祖国，热爱社会主义；有理想、有抱负、有信仰
	思想素质	具有正确的世界观、人生观和价值观，能够用唯物主义的观点观察、分析、解决问题
	道德品质	具有良好的公民道德、职业道德
	法制意识	树立法制意识和观念，遵纪守法
	团队意识	具有大局意识、协作精神和服务精神
文化素质	文化素养	具有一定的人文社会科学基础素质
	沟通能力	具有适应新环境的能力；组织协调能力
	文学艺术修养	具有一定的音乐、美术、文学、艺术的鉴赏能力
专业素质	科学素质	具有较强的逻辑思维、抽象思维和统筹规划能力；有探索意识和求实创新精神；具有科学、务实的思维方法具备计算机科学与技术的基本理论、基本知识和基本技能
	工程素质	具有较强的解决实际工程问题的能力，能够根据现场情况运用技术手段分析、处理一线工作中遇到的专业问题；具有工程意识、质量意识、市场意识和革新精神
身心素质	身体素质	具备健康的身体，充沛的精力
	心理素质	具有良好的心理素质，能够应对生活、工作、人际交往中遇到的困难

第四章 计算机专业应用型人才能力指标体系与培养方向

当今，高等教育已经从精英教育转变为大众教育，大部分地方本科院校都将培养合格应用型人才作为自己的定位，以适应社会经济发展需要。但是，作为热门专业的计算机专业却面临尴尬局面，一方面，公司、企业招不到其需要的计算机人才；而另一方面，却出现计算机专业的毕业生就业难的局面。产生矛盾的原因在于学校不了解公司、企业相应岗位对计算机人才的专业素质、知识结构、专业能力的要求，对学生的培养脱离实际需要。为此，计算机专业应用型人才的专业能力构建与培养进行研究具有重要意义。

第一节 计算机专业应用型人才能力指标体系

一、应用型人才培养的能力指标

（一）能力素质要素的结构

能力素质结构有心理学分类；二分法，即身体素质和心理素质；三分法，即身体素质、心理素质和知识素质；四分法、五分法以及综合分类法。

1.素质结构心理学分类

素质结构心理学分类如图 4-1 所示。

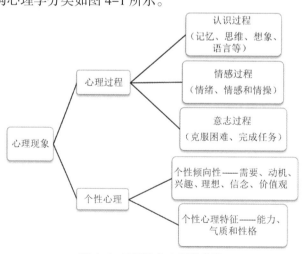

图 4-1 素质结构心理学分类

2. 二分法素质结构

二分法素质结构如图 4-2 所示。

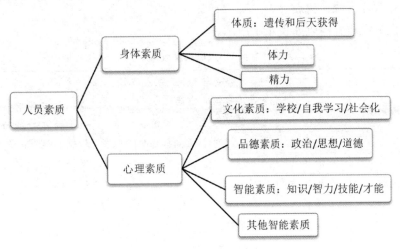

图 4-2 二分法素质结构

3. 三分法素质结构

三分法素质结构如图 4-3 所示。

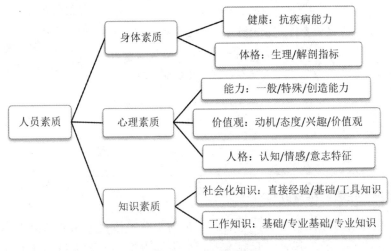

图 4-3 三分法素质结构

4. 素质的四构成

①身体素质：包括体质、体力和精力。

②思想品德素质：包括思想观念、政治观念、伦理道德水平以及纪律观念、法制观念等。

③心理素质：指人的认识过程、情感过程、意志过程的具体特征以及人

的个性心理特征和个性倾向性的特征。

④智能素质：包括科学智能素质和社会智能素质。

5. 人员素质五构成

人员素质五构成如表 4-1 所示。

表 4-1　人员素质五构成

心理素质	人格	气质、需要与动机、兴趣与情感、态度、习惯、意志等	它们相互作用，共同形成内在精神动力，控制和调节人员能力发挥大小和方向、发挥程度和发挥功效
	观念	世界观、人生观、价值观	
	自我意识	自信心、自主性、自知度	
品德素质	政治品质		
	思想品质		
	道德品质		
能力素质	智力	心理年龄、比例智商、离差智商	它们相互作用，共同形成外在的物质上的牵引力，控制着人员可能发挥的能力
	技能	在多种素质基础上，经过实践锻炼形成的工作能力	
	才能		
文体素质	知识素质	知识量；知识结构的合理性；知识的更新程度	
	经验素质	人的特殊的职业感觉力	
	自学能力	掌握学习方法，能独立地提出问题、分析问题和解决问题	
身体素质	体质	一部分是先天遗传，一部分是后天获得	
	体力		
	精力		

（二）任职资格与胜任力

任职资格与胜任力不同，它的产生是为了有效地提升企业各类人员的职业化工作水平，通过建立一套标准的管理体系以推动各类人员的职业能力的提升。

企业的任职资格要求由两部分组成：行为能力与素质要求。行为能力包括适应战略要求的知识、技能和经验等；素质要求是指适合从事某一岗位任职要求的人的动机、个性、兴趣与偏好、价值观、人生观等，如图 4-4 所示。

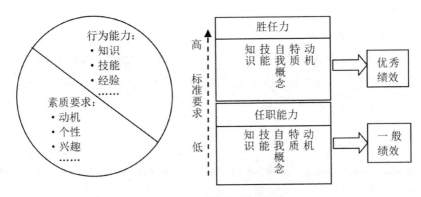

图 4-4　企业任职资格详析

通过上述对任职资格与胜任力的描述可以得出二者之间的浅层关系：二者均包括了动机、特质、自我形象、社会角色、知识、技能等方面内容；同时，任职资格相对胜任力而言还强调了个人经验。

不过这并非是胜任力与任职资格间最大的区别，二者之间本质的区别在于，胜任力是区分绩效优秀者与绩效一般者之间差异的最显著特征，可理解为胜任某岗位或承担某项任务的最高标准；而任职资格是进入某岗位或承担某项任务的基本要求，可以说是一般标准或最低标准。也就是说，对于同一个岗位或同一项任务，它的胜任力要求和任职资格要求是存在等级差异的。

以一个简单的案例说明：假设，沟通是人力资源经理唯一需具备的能力，在任职资格中对该能力的要求为三级，那么胜任力要求的却可能是四级（四级高于三级），即一个人员如果具备了三级的沟通能力，则他基本可以完成人力资源经理的工作（一般绩效），但如果他具备的是四级的沟通能力，那就会比一般人力资源经理工作完成得更好、更出色（优秀绩效）。因此，在这两种工具的实际运用过程中，要充分考虑它们的特点，以便达到最佳的效果。

（三）能力素质模型

能力素质模型通常包括三类能力：全员核心能力、职系序列通用能力、专业技术能力。

全员核心能力是指适用于公司全体员工的工作胜任能力，它是公司企业文化的表现，是公司内对员工行为的要求，体现公司公认的行为方式；职系序列通用能力是指在企业内一个职系多个角色都需要的技巧和能力，但重要程度和精通程度有所不同；专业技术能力指某个特定角色和工作所需要的特殊的技能，通常情况下，专业技术能力大多是针对岗位来设定的。

目前，能力素质模型有以下几种供参考。

1. 麦克利兰的素质模型

美国心理学家麦克利兰经过研究提炼并形成了 21 项通用素质要项，并将 21 项素质要项划分为 6 个具体的素质族，同时依据每个素质族中对行为与绩效差异产生影响的显著程度划分为 2 ～ 5 项具体的素质。6 个素质族及其包含的具体素质如下：

①管理族，包括团队合作、培养人才、监控能力、领导能力等；

②认知族，包括演绎思维、归纳思维、专业知识与技能等；

③自我概念族，包括自信等；

④影响力族，包括影响力、关系建立等；

⑤目标与行动族，包括成就导向、主动性、信息收集等；

⑥帮助与服务族，包括人际理解力、客户服务等。

20 世纪 90 年代，麦克利兰建立的企业通用能力素质模型如表 4-2 所示。

表 4-2　企业通用能力素质模型

成就与行动素质群	成就导向，重视秩序、品质与精确，主动性，信息搜集
帮助与服务素质群	人际理解，客户服务导向
冲击与影响素质群	冲击与影响，组织认知，关系建立
管理素质群	培养他人，命令，团队合作，团队领导
认知素质群	分析式思考，概念式思考，专业知识
个人效能群	自我控制，自信，弹性，组织承诺

冰山模型和素质群的简单对应关系如表 4-3 所示。

表 4-3　冰山和素质模型的简单对应

麦克利兰冰山模型	麦克利兰素质群
社会角色（通常描述的词汇有价值观、态度）	冲击与影响素质群、管理素质群
自我概念	个人效能群
个性特征	认知素质群
动机	帮助与服务素质群、成就与行动素质群

2. 管理者胜任特征模型

胜任力是指任何直接与工作绩效有关的个体特质、特点或技能等，在本质上也就是应该具备的素质组合。有学者利用物元分析和可拓评价方法建立了基于管理技能、个人特质和人际关系 3 个维度的胜任特征物元模型。

①管理技能的维度，包括团队领导、决策能力、信息寻求和市场意识等；

②个人特质的维度，包括影响力、自信、成就欲、主动性、分析思维和概括性思维等；

③人际关系的维度，包括人际洞察力、发展他人、关系建立、社会责任感和团队协作等。

3. 四种能力论

有学者研究指出管理人员的素质可以分为 4 种，分别为自我管理能力、人际关系能力、领导能力和商业能力。

①自我管理能力，包括自我尊重、正确对待权利的态度和自我控制等；

②人际关系能力，包括换位思考、正确预计他人的需要、考虑他人的行动等；

③领导能力，包括建立团队、维持团队、激励团队、建立共同愿景和巩固团队等；

④商业能力，包括制订计划、管理预算、绩效评估、成本管理和战略管理等。

这四个方面包含了管理培训的内容，它们为培训课程的设计提供了依据。这四种能力是相互关联的，有先后次序的，后续能力的发展是建立在前面能力发展的基础之上的，它们存在可培训性的等级差异，排在前面的能力比后面的能力难以培训。

（四）应用型人才培养能力分解指标

能力是知识的综合体现，是运用知识发现问题、分析问题、解决问题的一种本领。要提高能力，就要重视知识的学习、智力的发展和良好素质的培养，基于高素质应用型人才培养总体目标的能力分解指标如图 4-5 和表 4-4 所示。

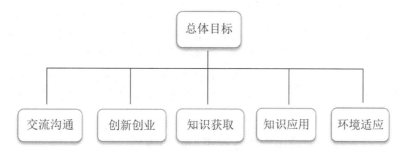

图 4-5　基于高素质应用型人才培养总体目标的能力分解指标

表 4-4　高素质应用型人才培养总体目标的能力分解指标

能力要素	要素分解	要素解析
认知能力	获取知识能力	能够适应知识更新特别迅速的知识经济、信息时代的要求,懂得自身需要不断地扩展知识面。要求学生掌握良好的学习方法,具备一定自学能力,即学会通过不同途径、运用不同方法主动地获取各种知识,以适应学科发展、社会进步的需要
	自我评价能力	一个人对自己的身心状况、能力和特点,以及自己所处的地位、与他人及社会关系的认识和评价。一般包括知识掌握的自我评价、学习动力的自我评价、学习能力的自我评价等
	整合知识能力	将各种知识进行筛选分析、优化组合、综合利用、加工创新和创造的一种能力
	创新知识能力	——
业务能力	操作能力	基本技能、操作技能、综合技能
	决策能力	开放地提炼能力,以开放的态度,准确和迅速地提炼出解决问题的各种方案的能力;具备卓越的决策能力,预测是决策的基础,决策是预测的延续;准确的决断能力
	执行能力	把上级的命令和想法变成行动,把行动变成结果,从而保质保量完成任务的能力,是指一个人获取结果的行动能力
持续发展能力	认知能力	对事物的构成、性能与他物的关系、发展的动力、发展的方向以及基本规律的把握能力
	创业能力	商机发现并合理的利用能力,人才发掘并使用,有思想、有行动的敢做能力
	创新能力	在工作岗位上创新自己工作能力,产生新的思路、方法、措施,产生新的工作效果、效益
表达能力	口头表达、书面表达	能够在多种环境、场合中,通过口头或书面形式正确地表达自己的意愿和见解。学会书写各种文书和报告,熟练掌握各类常用应用文的规定格式
社交能力	——	能够在人际关系的处理过程中把握人际关系的特殊属性、处理原则等,能拥有较为正确的处理技巧和方法

二、计算机专业应用型人才知识与能力体系

计算机专业应用型人才的知识和能力体系主要包括了专业核心知识领域和专业实践教学体系,目的是在打好学科基础理论的同时,提高学生的应用

能力和综合素质。其中，专业核心知识领域分为 8 个部分，包括 60 个知识单元，如表 4-5 所示；专业实践教学体系分为两部分内容：第一部分内容主要由五类应用技能构成，包含 23 个实践单元；第二部分内容针对软件开发能力、系统集成能力、信息技术应用能力（软件测试）、计算机工程能力和项目管理能力的培养，设计了五类综合训练课程，如表 4-6 所示。各学校应根据各自人才培养方案的具体学时安排，对表中所列出的知识单元、实践单元和综合训练课程进行选择。

表 4-5　专业核心知识领域

专业核心知识领域 1：计算机科学与技术专业教育／导论	
知识单元	知识点
计算科学的基本知识和核心概念	计算科学的由来、定义
	计算机学科的分支领域、计算学科与其他相关学科的关系
	计算学科的 3 个学科形态、计算学科中的系统科学方法
	CC1991 报告提取的 12 个核心概念
计算科学涉及的重大问题和基本问题	可计算与不可计算问题
	软件过程模型
	高级程序设计语言的形式化描述问题
	OS 中的并发控制问题
	计算机的并发程序及共享资源管理
	计算机中的博弈问题
	计算机网络传输协议
	GOTO 语句与程序的结构
	计算的平台与环境
	计算过程的可行操作与效率、计算的正确性保证
	算法的重要特性及描述方法
	数据结构基本概念及常用的几种数据结构
	计算机中数据的存储和表述
计算科学中的基本数学概念和常用证明方法	数学基本特征和数学方法的作用
	集合、函数和关系、布尔代数
	定义、定理和证明
	证明方法
	递归和迭代
计算机科学与技术专业培养方案	计算机科学与技术专业规范
	计算机科学与技术专业核心课程

专业核心知识领域1：计算机科学与技术专业教育／导论	
提高专业技术能力的途径和方法	思维方式的数学化及实现的途径
	科学思想方法的训练和形成
	理解科学与科学素养
	对科学研究活动的认识
	发明与创新
	在学习中如何做到理论与实践相结合
团队激励和沟通	团队目的和机制
	团队合作
	团队激励
	团队困境
社会与职业道德	计算的社会背景
	道德分析的方法
	职业和道德责任
	知识产权
	隐私和公民自由
	计算机犯罪
专业核心知识领域2：离散结构	
知识单元	知识点
证明技巧	基本证明方法
	证明技巧
代数结构	代数系统：二元运算、代数系统概念
	特殊运算和特殊元素：代数系统常见的性质
	代数系统的同构
树和图	图的基本概念，图的同构
	通路和赋权图的最短通路
	图与矩阵
	树的基本定义，树的性质
	无向树
	有向树
	欧拉图
	哈密顿图
	平面图

专业核心知识领域 3：程序设计	
知识单元	知识点
算法与问题求解	问题求解的步骤与策略
	算法的概念和特性
	算法的描述工具
	算法的评价标准
程序设计语言基本知识	语言范型及特点概述
	程序的结构和组成
	常量、变量、表达式
结构化程序设计基础	顺序结构
	分支结构
	循环结构
基本数据结构	基本类型
	数组
	字符串
	结构体
	指针和引用
	数据文件的使用
	顺序表和链表
	栈和队
	串、多维数组与广义表
	树和二叉树
	图
	数据结构的应用和选择策略
模块化（函数）程序设计	函数的定义和调用
	函数间的参数传递
基本算法	迭代、递推、枚举
	递归
	算法分析基础
	查找与排序
	树结构应用
	图结构应用

续表

专业核心知识领域3：程序设计	
事件驱动程序设计	事件驱动程序的特征
	事件处理方法
数据共享与保护	全局量、局部量与作用域
	静态存储与动态存储
	异常处理
面向对象程序设计	面向对象设计与抽象机制
	封装与信息隐蔽
	行为和实现的分离
	类的继承与代码复用
	多态性
	类的层次
	类的聚集
	多继承的实现
专业核心知识领域4：计算机网络	
知识单元	知识点
计算机网络基本概述	计算机网络的定义、组成
	计算机网络的发展、功能
	计算机网络的拓扑结构
	计算机网络的分类
	网络计算模式
数据通信基础	数据通信系统概述
	信号和信道
	数据传输技术及性能指标
	数字编码技术、模拟调制及数据数字化技术
	多路复用技术
	交换技术
	传输媒体基础及通信接口
协议体系结构	网络协议和结构基础
	开放系统互连参考模型的层次划分及各层功能
	网络服务模型
	TCP/IP体系结构
局域网技术	局域网网络模型
	局域网媒体访问控制
	以太网技术
	局域网常用设备

专业核心知识领域 4：计算机网络	
广域网技术	广域网模型和结构
	广域网接入技术
	广域网常用设备
网络应用	Internet 常见应用
	浏览器/服务器实现模式
	Web 技术基础
网络安全	密码技术
	病毒防范
	防御技术
网络管理	网络管理模式与功能
	简单网络管理协议
	网络管理新技术
专业核心知识领域 5：信息管理	
知识单元	知识点
信息系统与 信息模型	信息系统简介
	信息的特征与特性
	信息获取与表示
	信息存储和检索
数据库系统概述	数据库系统简介
	数据库系统的组件
	DBMS 的功能
	数据库的体系结构
	数据库查询语言概述
数据建模	数据模型
	概念模型
	关系数据模型
	面向对象模型
关系数据库 理论基础	概念模式映射为关系模式
	数据完整性
	关系代数与关系演算
数据库查询语言	数据库查询语言概述
	SOL 语言
	查询优化

续表

专业核心知识领域 5：信息管理	
关系数据库设计	数据库设计概念
	函数依赖和多值依赖
	关系模式的范式
	关系模式的分解特性
事务处理	事务的概念
	数据库故障与恢复
	并发控制
专业核心知识领域 6：软件工程	
知识单元	知识点
软件工程的基本概念	软件发展与软件危机
	软件工程的定义及作用
	软件的主流开发方法
	中国软件产业及软件人才的现存问题
软件生存周期及软件开发模型	软件生存周期概念
	软件过程模型
软件项目可行性分析与立项	可行性分析的任务
	立项方法
	可行性分析阶段的文档
软件需求分析	需求分析的任务和目的
	需求获取的过程
	需求分析的方法
	需求分析的常用描述工具
	需求分析阶段的文档
软件设计	软件设计的任务
	软件设计原理
	软件概要设计和软件详细设计方法
	软件设计常用描述工具
	软件设计阶段的文档
软件实现	软件实现的任务和原则
	编程语言的分类和特点
	好程序的风格
	程序设计方法
	软件实现阶段的文档

续表

专业核心知识领域 6：软件工程	
软件测试与调试	软件测试/调试的目的
	软件测试的理论基础
	软件测试过程
	测试用例设计
	软件调试过程
	软件调试基本方法
	软件测试/调试阶段的文档
软件维护	软件维护的任务
	软件维护的过程
	软件维护的方法
	软件维护阶段的文档
软件过程管理与软件质量保证	软件过程管理的概念
	软件过程成熟度
	软件质量的保证
	软件质量保证阶段的文档
面向对象技术	面向对象的概述
	面向对象软件的开发过程
	面向对象分析
	面向对象设计
统一建模语言 UML 基础	UML 的发展历史和特点
	UML 的建模
	UML 的视图
专业核心知识领域 7：计算机体系结构与组织	
知识单元	知识点
数据的机器表示	定点数和浮点数系统
	有符号数的表示方法和基本运算方法
	非数值数据的表示
	系统可靠性与纠错码
	数据运算器的结构
汇编级机器组织	指令格式
	指令解释和执行、读取/执行指令周期
	指令类型和寻址地址
	汇编语言编程基础
	子程序调用和返回机制

续表

专业核心知识领域7：计算机体系结构与组织	
功能组织	控制单元的设计与实现
	指令读取、解码和执行
	异常与中断
	指令流水技术
存储器系统组织和结构	存储器件类型及其工作原理
	主存储器的组织和操作
	存储器的延迟、工作周期、带宽提高和交叉存储技术
	层次化存储系统
	高速缓冲存储器
	虚拟存储器及其应用
运算方法和运算器	定点数的加减运算与加法器，定点数的乘法、除法运算与实现
	定点运算器的组成与结构，浮点数四则运算与实现
	输入输出基本原理、信号交换、缓冲存储
接口与通信	程序控制 I/O、中断驱动 I/O、DMA
	中断结构、向量化和优先级化、中断识别
	外部存储器的物理组织和驱动
	总线和总线协议，仲裁机制
	多媒体支持
	RAID 系统结构
	简单的数据通路实现
嵌入式微处理器概述	嵌入式系统概述
	嵌入式系统体系结构
	嵌入式微控制器
	嵌入式应用软件
	嵌入式多处理器
专业核心知识领域8：操作系统	
知识单元	知识点
操作系统基础知识	操作系统的作用和目的
	操作系统的发展历史
	操作系统的特征和功能
	客户/服务器模型的机制概述
	设计问题

续表

专业核心知识领域8：操作系统	
操作系统原理	构建方法
	抽象、进程、资源
	应用程序接口的基本概念
	应用的需求以及软硬件的发展
	设备的组织
	中断的方法与实现
	用户/系统状态及其保护，用户/系统状态转换到核心态的原理
进程调度	状态和状态图
	进程控制块、就绪队列等的结构
	调度和状态转换
	中断的作用
	并发执行的优点和缺点
	互斥问题及解决方法
	死锁的原因、条件及其预防
	模型和机制：信号量、监控器、条件变量、聚集
	生产者—消费者问题和同步
	多处理器问题（旋转锁、重入）
	抢占和非抢占调度
	调度和策略
	进程和线程的应用
内存管理	物理内存和内存管理硬件的问题
	覆盖、交换和分区
	内存分页和分段
	定位和重定位策略
	分配和淘汰策略
	工作集和系统抖动问题
	高速缓存应用
设备管理	串行和并行设备的特点
	设备的分类
	缓冲策略
	直接存储器访问（Direct Memory Access，DMA）
	设备故障恢复

专业核心知识领域8：操作系统	
文件管理	文件中的数据和元数据，文件的操作、组织及缓存，顺序文件和非顺序文件
	目录的内容和结构
	文件系统：磁盘分区、安装/卸载、虚拟文件系统
	标准实现技术
	存储映像文件
	专用文件系统
	文件的命名、搜索、访问、备份
安全与保护	系统安全概论
	策略/机制分离
	保护、访问、身份验证
	保护模型
	内存保护
	加密技术
	系统恢复管理
系统性能评价	为什么进行系统性能评价
	缓存、分页、调度、存储管理、安全等策略
	评价模型的建立
	如何收集评价数据

表4-6　专业实践教学体系

计算机应用技能	
实践单元	实践内容
计算机基础应用	操作系统的基本应用
	互联网的基本应用
办公软件高级应用	文字处理软件的运用
	电子表格的使用
	制作演示文档
网页制作与个人网站建设	静态网页制作
	动态网页制作
	个人网站规划与建设

程序设计技能	
实践单元	实践内容
结构化程序设计基础	集成环境的使用及顺序结构程序设计
	分支结构程序设计
	循环结构程序设计
	数组及有关算法的运用
	函数的应用
	结构型数据的存储与应用
	数据文件的建立、访问和修改
面向对象程序设计基础	开发环境应用及语言基础
	类的构建与对象的应用
	类的继承与派生类的应用
	数据共享与保护的实现
	函数重载及运算符重载的运用
	具有多态性的程序设计方法
	模板及其应用
	面向对象技术与数据库的联合使用
	界面技术与面向对象技术的联合使用
基本数据结构应用	顺序表的结构及相关算法应用
	链表的结构及相关算法应用
	栈的应用
	队列的应用
	二叉树的基本操作和应用
	图的应用
	常见查找算法的运用
	常见内部排序算法的应用及效率对比
"程序设计基础"训练	1. 概述 "程序设计基础"集中训练是在学生具备了初步的程序设计语言知识，掌握基本的程序设计方法后，开设的一门重要的培养学生程序设计技能的实践课程。 训练的重点是使学生深入体验面向过程、模块化程序设计的主要技术特点；熟练运用程序设计语言工具；积累程序设计、调试、测试方面的经验，提高程序设计能力；了解团队开发的步骤和方法。 加强程序员的基本功练习，养成良好的编程习惯。 2. 训练要求 ①根据题目的规模，学生可2或3人为一组，组成开发小组； ②小组同学共同完成任务的总体分析、模块分解、联合调试、文档和报告的撰写；

程序设计技能	
"程序设计基础"训练	③组内学生应有明确的分工，各自独立地完成所负责模块的详细设计、程序编码和调试； ④设计的程序应具有良好的风格，符合行业规范要求。 3. 选题要求 ①题目涉及的编程内容应覆盖程序设计基础课程中所学的主要知识点； ②题目应具有一定规模并涉及典型算法； ③原始数据和运行结果要能够保存。 4. 训练题示例：商品信息管理 ①商品信息包括商品的代号、商品名称、种类、进货日期、库存量、进货价格、出货价格等，信息的存储结构采用结构体数组； ②原始数据的输入和保存采用数据文件； ③可以对商品信息进行添加、修改、删除、查找； ④可以按照商品代号、进货日期、库存量对记录进行排序； ⑤对库存量少于 10 个的商品，自动给出进货单； ⑥对于日期超长（3 个月）的货物，给出下架通知单。
"面向对象程序设计基础"训练	1. 概述 "面向对象程序设计基础"集中训练是在学生完成了面向对象程序设计课程的学习，掌握了面向对象程序设计基本概念和方法的基础上开设的集中训练课程。 训练的重点是以解决实际问题的实例为主线，展开各个环节，使学生尝试面向对象程序开发的全过程，更加深入地体验面向对象程序设计的主要技术特点，培养和提高学生的逻辑思维、抽象思维和统筹规划能力，为今后从事专业性软件开发工作打下基础。 2. 训练要求 ①学生在教师的指导下完成分组和选题； ②项目组集体进行总体设计并进行明确的任务分工； ③学生需完成静态界面设计、类设计、数据库设计、详细设计，编写程序代码、程序调试、分块测试及组内综合测试和撰写训练报告； ④强调项目内容与实际的结合，加强项目的管理与控制； ⑤建立对学生所完成工作的评价指标和数据统计功能，如程序量、模块复杂度、程序 Bug 数目和完成时间； ⑥建立对学生编写文档的要求和质量要求，如每百页中的错误个数的统计； ⑦培养学生编写程序详细设计说明书和程序说明书的能力。 3. 选题要求 ①题目涉及的自定义基础类应不少于 5 个，必须有派生类，总共涉及类应在 10 个以上； ②题目涉及的主要功能应不少于 6 个； ③数据的存储可以使用文件，也可以使用数据库； ④用户界面最好采用图形界面，界面个数不少于 10 个，要尽量贴近当前的主流界面设计风格。

程序设计技能	
"面向对象程序设计基础"训练	4.训练题目示例：实验室设备管理 ①系统包括四类用户：国有资产管理处、单位领导、设备管理员、实验室设备保管员，其中，国有资产管理处负责管理（添加、删除用户）并设置用户权限； ②所有用户均能查询设备信息：查询方式分为两种，即无条件查询和有条件查询（如按设备编号、设备类别、设备名称、设备单价、设备所属部门等查询）； ③实验室设备保管员负责填写设备维修记录单、设备报废记录单以及设备购置申请等工作； ④设备管理员负责添加新设备信息（包括设备的编号、类别、名称、单价、购置日期、所属部门、保管员等）、统计维修与报废信息； ⑤该系统须有登录界面，并依据登录者的不同权限限定其所能使用的操作。
"算法与数据结构应用"训练	1.概述 "算法与数据结构应用"集中训练是通过一个以数据结构和相关算法为核心的课题开发，使学生进一步巩固"算法与数据结构"课程中所学到的知识，熟练掌握并综合运用所学的各种算法、数据存储结构及编程技巧；理解数据结构选择得是否恰当对系统性能的影响。 2.训练要求 ①学生在教师的指导下完成分组和选题； ②学生需完成问题建模、数据结构设计、算法设计与实现、系统测试、设计报告撰写。 3.选题要求 ①选题应特色鲜明，有助于学生理解数据结构的选取在软件开发中的重要性； ②题目应具有一定的规模和复杂程度，所涉及的问题应需要用数据结构中的模型及求解方法才能更准确的描述和求解； ③题目应是以数据结构和算法设计为核心的程序设计类问题。 4.训练题目示例：家族族谱树 ①找出红楼梦中贾家所有男性成员，创建贾家的家族族谱树； ②任选家族族谱树中的一个成员，找出与其同辈的其他成员，列出他们的姓名，并计算这一辈的人数； ③任选家族族谱树中的一个成员，找出其子女，并列出子女们的姓名； ④设计算法求当前该家族族谱共有几代成员，并找出无子女的家族成员； ⑤对选择的数据存储方式说明选择的理由。

数据库应用技能	
实践单元	实践内容
数据库的基本应用	服务器的注册配置
	数据库的创建与编辑
	基本表的创建与编辑
	索引的创建与管理
	数据库操作语言（添加、删除、修改、查询）的使用
	数据完整性设计
	数据库设计步骤的实现
	数据库事务管理
数据库的日常管理与维护	网络数据库安全性管理（用户账户、角色）
	存储过程设计与调用
	触发器设计与调用
	数据库备份与恢复
	数据导入导出及任务管理
	数据库监视与性能优化
"数据库应用与管理"训练	1. 概述 　　"数据库应用与管理"集中训练要求学生在教师的指导下，通过与课程理论内容教学相结合的综合训练，以一个中小型管理信息系统为背景，进行系统功能的定义，数据库的设计、实现以及数据库应用系统的开发。 　　本训练的重点是使学生掌握数据库的设计以及开发一个管理信息系统的方法和步骤，培养学生的数据库设计、实现和开发小型管理信息系统的初步能力，同时也为后续专业课程的学习打下基础。建议集中训练在 1～2 周内完成。 　　2. 训练要求 　　本课程要求学生巩固对数据库设计步骤的理解、对 SQL 命令的使用，2 或 3 人为一组，共同完成一个比较完整的小型数据库应用项目设计，掌握数据库应用系统的设计与开发的一般方法，提高实际应用的能力。通过集中训练，使学生得到以下几个方面技能的锻炼： 　　①培养学生对数据库理论、方法和技术实际应用的能力； 　　②具备完成小型数据库应用系统的分析设计能力； 　　③具备用 Transact-SQL 语言编写数据操作应用程序的能力； 　　④初步具备用工具软件编写数据库应用程序的能力； 　　⑤培养团队中多人开发软件系统的协调、沟通、合作能力； 　　⑥熟悉数据库系统完整的开发过程； 　　⑦初步掌握数据库应用系统相关设计文档的编写能力。

数据库应用技能	
"数据库应用与管理"训练	3.选题要求 ①学生可以从宾馆管理系统、运动会成绩统计系统、图书管理系统等给定的题目中选择，也可自行选题； ②题目要具有一定的规模和复杂度，涉及的实体应不少于6个； ③按照选题要求分组，以组为单位完成训练任务，组员之间强调团队合作，通过小组讨论，共同完成项目。 4.训练题目示例：图书购销管理 　　该系统应包括图书管理、客户管理、订单管理和查询等内容。图书管理应包括图书的基本信息和对图书的增加、删除和修改操作，删除时要保证该书没有客户订购，修改时不能修改唯一标识该图书的信息。客户管理应包括客户的基本信息和对客户的增加、删除和修改操作，删除时要保证该客户没有订购图书，修改时不能修改唯一标识该客户的信息。订书管理要求对客户的订单能进行输入、删除和修改，同时根据该客户的订货折扣和相应图书的定价及册数计算出相应金额，每个客户的订单不止一张，要保证系统所有订单号唯一。查询功能应能够查询图书情况（某图书基本情况、图书种类、图书总订书、某图书的订货量、某图书的订货金额等）、客户情况（客户基本情况、该客户所有订单的图书种类及数量、按折扣价计算的金额等）、订单情况（查询某订单的全部内容）以及其他信息等。某些查询应支持模糊查询。主要完成如下内容： 　　①系统规划：小组讨论并完成《××系统需求规格说明书》文档的撰写； 　　②系统分析与设计：根据具体项目，完成系统分析与文档设计——《××系统设计说明书》，包括业务流程说明、模块功能说明（含输入输出设计）、接口说明和数据库具体设计内容等； 　　③系统实施：按照关系数据库理论，完成中小型数据库建立、使用Transact—SQL语言实现对数据的操作，包括数据库的建立、数据表的建立、操作与维护，也可以使用工具软件编写数据库应用程序； 　　④系统测试：输入测试数据并进行系统整体、功能测试； 　　⑤系统验收：根据《××系统需求规格说明书》和《××系统设计说明书》对各项目进行验收。

网络应用技能	
实践单元	实践内容
计算机网络基础应用	对等网的连接
	c/s网络的连接
	用 Visio 绘制网络结构图
	TCP/IP 协议的参数设置
	应用服务系统设计
	子网的设计和实现
	串口传输

续表

网络应用技能	
网络系统规划设评	线缆制作和简单网络测试
	网关的设计和实施
	路由器的设置
	VPN 和终端服务的实现
	使用模拟器进行网络配置
	VLAN 的设计和实现
	数据备份的设计和实现
网络安全与管理	服务器的用户账户、组账户的设置
	资源的权限管理
	数据加密和解密算法的设计
	软件个人防火墙的配置
	硬件防火墙的配置
	Internet 的安全配置
	杀毒软件的使用
	网络系统的备份
"计算机网络基础应用"训练	1. 概述 　　"计算机网络基础应用"集中训练要求学生在掌握计算机网络基本知识和应用后，在教师的指导下实现基本网络层次协议和通信过程的综合训练。本集中训练要求以一个小型实时网络传输为背景，进行通信协议和通信模块的开发。本训练的重点是使学生掌握网络协议的工作原理、层次结构、通信传输方式的设计与开发过程和步骤。同时也为后续专业课程的学习打下基础。建议集中训练在 1～2 周内完成。 　　2. 训练要求 　　本课程要求学生巩固对网络传输基本概念的理解、对通信协议开发命令的使用，3 或 4 人为一组，共同完成一个比较完整的小型网络通信设计，提高实际应用的能力。通过集中训练，学生得到锻炼的技能有以下几个方面： 　　①培养学生的网络协议实际应用能力； 　　②具备完成数据通信系统的分析设计能力； 　　③初步具备用工具软件编写通信应用程序的能力； 　　④培养团队中多人开发软件系统的协调、沟通、合作能力； 　　⑤熟悉网络通信系统完整的开发过程； 　　⑥初步掌握网络通信系统相关设计文档的编写能力。 　　3. 选题要求 　　学生可以选择不同的开发工具和开发模式进行通信模块的设计，完成基本的网络协议传输功能。按照选题要求分组，每组 3 或 4 人，以组为单位完成训练任务。组员之间强调团队合作，通过小组讨论共同完成项目。

网络应用技能

"计算机网络基础应用"训练	4. 训练题目示例 　学生利用相应开发工具的网络控件，实现多台计算机之间的网络通信，甚至不同网络间的主机互连。主要内容如下： 　①系统需求规划：小组讨论并完成网络通信需求文档《网络通信程序设计需求规格说明书》的撰写； 　②熟悉相应开发工具的网络控件的使用方法； 　③系统分析与设计：根据具体通信要求，完成系统分析与设计文档：《通信系统设计说明书》，包括业务流程说明、模块功能说明（含输入输出设计）、接口说明、通信协议等； 　④开发网络通信程序，实现同一网络下的通信； 　⑤设计网络通信程序，实现不同网络间的主机互连； 　⑥将网络通信程序应用于浏览器程序的开发； 　⑦发送 E-mail 程序； 　⑧系统测试：输入测试数据并进行系统整体、功能测试； 　⑨系统验收：在网络环境下完成系统测试。
"网络系统规划设计"训练	1. 概述 　"网络系统规划设计"集中训练主要是使学生在网络维护与系统集成理论课程学习的基础上，重点学习其实现方法，让学生掌握中小型网络工程的规划、建设和实现的网络系统集成技术。建议集中训练在 2 周内完成。 　2. 训练要求 　通过"网络系统规划设计"集中训练，学生综合应用前续课程所学习的知识和技术去解决一定规模的网络系统的规划和设计，并加以实施和验证，从而获得对实际网络系统的分析、设计、实现的能力。要求学生 3 或 4 人为一组，共同完成一个比较完整的网络设计规划，提高实际应用的能力。通过集中训练，学生得到以下几个方面技能的锻炼： 　①调研和确定网络需求的步骤、方法和内容； 　②根据网络技术进行目标系统分析和设计，描绘网络结构、网络功能、网络技术等方面的选取和应用，包括流量分析、逻辑网络设计、物理网络设计等； 　③实施网络系统的能力，包括线缆制作、系统安装调试。 　3. 选题要求 　学生可以选择不同的网络应用环境，完成综合的网络规划与设计。按照选题要求分组，每组 3 或 4 人，以组为单位完成训练任务。组员之间强调团队合作，通过小组讨论共同完成项目。 　4. 训练题目示例 　利用已经学习到的网络系统规划与集成知识，设计一个中小型企业网络。某企业租用了一个办公楼的一层，目前有内务部、销售部、工程部、财务部等几个部门，没有布线系统，要求为该企业设计网络系统，包括网站、电子邮件、文件传输服务、DNS、DHCP、因特网共享、文件和打印服务。主要内容如下：

网络应用技能	
"网络系统规划设计"训练	①进行用户需要调研，编写需求说明书； ②进行网络系统流量分析，编写流量规范说明书； ③根据现有网络技术进行逻辑设计，包括网络分层结构、局域网设计、广域网设计、IP地址规划、网络性能设计、网络安全设计，编写逻辑设计说明书； ④进行网络物理设计，编写综合布线系统设计说明书； ⑤对部分系统内容实施，并进行调试； ⑥根据不同企业要求配置网络服务子系统； ⑦根据需求说明书、逻辑设计说明书、综合布线说明书对系统进行测试和验收。

计算机硬件基础技能	
实践单元	实践内容
计算机核心硬件和指令系统的验证	运算器的运算功能及组成的验证
	对半导体存储器 SRAM 的读取
	运算器和存储器数据通路构成的验证
	微控制器取指令的实现及微控制器指令组成的验证
	微控制器执行指令的实现
	单级中断及中断返回过程的实现
计算机体系结构模拟验证与分析	基本 RISC 处理器设计的验证
	使用模拟器实现 DLX 基本流水线的工作过程
	使用模拟器实现循环展开及指令调度
	使用模拟器对 Cache 进行性能分析
嵌入式系统基本应用	嵌入式开发环境建立
	外部存储器接口设计
	GPIO（General−Purpose IO ports）范例程序展示
	ARM（Advanced RISC Machines）的串行口端口编程实验
	对定时器/计数器控制的实现
	串行通信程序设计的实现
	ARM 的 A/D 接口编程实验
	操作系统的安装和更新过程
"计算机硬件和指令系统的基础设计"训练	1.概述 　　"计算机硬件和指令系统的基础设计"集中训练要求学生在教师的指导下综合运用计算机组成、数字逻辑和汇编语言等课程知识，设计、调试和实现一台可运行的模拟计算机系统。

计算机硬件基础技能	
"计算机硬件和指令系统的基础设计"训练	本次集中训练是使学生更进一步地理解计算机组成原理课程教学的重点和主要知识点，在课程教学开设的基本实验基础上，完成微控制器设计以及基本模型机的实现等设计题目，给学生一次综合性的训练，使学生将学到的理论知识用于实际，进而得到巩固、加深和发展，完成工程设计的基本训练。 2. 训练要求 要求3或4个学生为一组，通过本集中训练，学生可体验设计一个简单计算机模型的方案，通过微指令、微程序的设计实现计算机的基本功能，不断调试，最终达到设计要求的全过程，从而帮助学生系统地掌握指令集设置的一般方法，熟悉相关电子设计自动化（Electronics Design Automation，EDA）设计工具，实现知识融会贯通的目的。要求学生独立完成课程设计项目规定的设计及调试。学生完成课程设计后能写出一份完整的课程设计报告，设计报告要求包括完整的逻辑图、微程序流程图和微程序代码表、系统的调试方法、提供系统的功能测试方法等内容。通过集中训练使学生具有以下几方面的技能： ①掌握计算机中的运算器、寄存器、译码电路、存储器和存储微指令的控制存储器等硬件组成的相关知识； ②掌握微指令、微程序的设计实现； ③EDA设计工具的使用。 3. 选题要求 集中实训需要设计一个简单的计算机模型，选题比较确定，要涉及教学实验系统实验机的时序电路、微程序控制电路、模型机的硬件以及调试方法，重点掌握微程序控制器的组成原理和微程序设计技术。 4. 训练题目示例 微控制器的实现、基本模型机的设计和实现，主要内容如下： （1）完成系统设计 ①熟悉教学实验系统实验机，画出系统逻辑草图；②确定数据格式与指令系统；③根据机器指令系统的要求，设计出微程序流程图及确定微地址；④在微程序流程图的基础上编写出微程序代码表；⑤撰写系统设计说明书。 （2）实际连接、程序装入过程（在教学实验机系统上实施） ①根据确定的数据通路图完成逻辑连线；②按照已写好的微程序代码表，写入微程序；③根据确定的指令系统，编写一段机器指令程序并装入；④运行已编制完成的机器指令程序。 （3）验证系统执行指令的正确性 参照机器指令及微程序的流程图，将实验结果与理论分析做比较，验证系统执行指令是否正确。 （4）系统验收 学生需要撰写系统设计说明书、程序设计说明书、课程报告，并根据文档内容及实际设计情况对项目进行验收，主要考查学生对程序调试结果的分析、解决实际问题的能力。

计算机硬件基础技能	
"嵌入式系统应用"训练	1. 概述 嵌入式系统是用于控制、监视或者辅助操作机器和设备的装置，嵌入式系统由嵌入式硬件和嵌入式软件两部分组成。"嵌入式系统应用"集中训练是学生在教师的指导下使用嵌入式实验环境和开发平台，完成具有一定应用性的小型嵌入式系统开发的过程。 本次集中训练以嵌入式系统为基础，将微机理论与技术引入课堂教学实践，使学生具备嵌入式系统开发的基本知识、基本手段和方法，达到独立自主进行嵌入式开发的水平。 2. 训练要求 通过练习学会使用仿真平台和掌握调试方法以及相应的编程技术（包括汇编语言编程和C语言编程）。集中训练要求3或4个学生为一组，掌握典型嵌入式处理器的外设部件工作原理，能编写接口程序；熟悉串行通信原理，能利用串口进行数据通信应用；了解和掌握总线的工作原理，掌握中断技术，熟悉中断功能。通过训练培养学生编写系统需求分析、详细设计说明书和程序设计说明书的能力。 嵌入式系统集中训练环节内容分为如下3个层次： ①基本知识部分：了解嵌入式软件和硬件的一般开发环境与流程，让学生熟悉（某一种）开发工具，掌握其操作方法，熟悉软件编程环境，为更进一步实验做准备。 ②基础技能部分：让学生掌握基本的嵌入式程序开发，可以根据教学指导书内容进行调试，能读懂源程序。 ③综合应用部分：使学生在掌握基础技能部分所学知识上，创造性地进行综合应用。 3. 选题要求 ①选题要具有一定的规模和复杂程度，要涉及硬件系统调试和应用程序编制两部分内容。 ②本集中训练可以设置几个题目，如网络摄像头、数字钟、基于前后台系统的温度检测系统、近距离无线语音通信终端等，也可以自行选题。 各小组同学根据题目要求自行设计并实现硬件系统。硬件系统经过简单测试后，根据题目功能需求编制应用程序，并下载至嵌入式处理器中进行功能调试，直到各个功能正常运行。 4. 训练题目示例 数字钟的设计与实现的主要内容如下： ①完成系统需求说明：数字钟主要由控制器、数码管和一些分离器件组成。要求完成基本的计时显示功能（仅有分和秒显示或者时和分显示），并在此功能基础上，继续完成其他信息显示（包括时、分和秒显示），按键调时、日历显示、定时控制等高级功能。基本的数字钟由计数器构成，秒和分的计数满60清零，并向高位进一，时则是满24清零。时、分、秒均是2位数据，总共6位数码管来显示，统一使用共阳数码管。本集中训练主要实践定时器、中断的应用。学生在查阅资料的基础上，对所选的题目进行功能分析，撰写系统需求说明书。

计算机硬件基础技能	
"嵌入式系统应用"训练	②设计电路、编写程序：学生在实验设备上搭建硬件应用电路，在微机上编写对硬件控制的应用程序，进行编译执行，并撰写系统设计说明书和程序设计说明书。 ③调试系统：运行控制程序，观察对硬件系统的控制过程，不断调试，直至满足系统要求。 ④系统验收：根据学生撰写的相关过程文档、课程设计报告及实际设计情况对项目进行验收。
"计算机体系结构模拟实现"训练	1. 概述 　　"计算机体系结构模拟实现"集中训练是在课程基础上，从系统分析和设计的角度，使学生建立起计算机系统结构的完整概念。 　　计算机系统是一个软、硬件综合体。随着计算机软件的日趋复杂以及硬件在功能、性能、集成度、可靠性、价格上的不断改进，合理配置硬件资源使系统的性能价格比更高，这是计算机系统结构设计、硬件设计、高层次应用系统开发和系统软件开发所必须了解和掌握的基本知识。 2. 训练要求 　　通过本集中训练让学生了解和掌握计算机系统结构的基本概念、基本原理、基本结构、基本方法，掌握计算机系统结构的分析和设计方法，同时掌握计算机流水技术和并行处理技术。 　　要求3或4个学生为一组，学生使用系统结构实验仪器提供的软硬件设计平台，完成CPU系统的设计过程。通过本集中训练使学生具有以下几方面技能： 　　①掌握完整的CPU系统结构(包括指令系统、寻址方式、数据表示、寄存器结构、存储系统、流水线结构等)； 　　②掌握利用EDA完成CPU系统的设计与调试方法； 　　③理解流水线的数据相关，掌握如何使用定向技术减少数据相关带来的暂停； 　　④理解指令调度的概念及其对系统性能的影响； 　　⑤了解Cache对系统性能的影响，了解基于系统结构的算法设计思想。 3. 选题要求 　　开设"计算机体系结构模拟实现"集中训练目的是让学生通过学习与实践理解和掌握计算机系统性能评价的各种方法，以及实现流水线结构的基本实现技术，包括相关处理技术，故在选题方面要充分体现上述技术的实现。 4. 训练题目示例 　　本集中训练可进行WinDLX、DLXview模拟器的操作和使用，熟悉DLX指令集结构及其特点，了解DLX基本流水线各段的功能及基本操作。可通过运行SimpleScalar模拟器实现对Cache的监控，并实现对计算机的操作。

计算机硬件基础技能	
"计算机体系结构模拟实现"训练	①了解 DLX 基本流水线各段的功能以及基本操作，用 WinDLX 模拟器执行下列 3 个程序（任选一个）：求阶乘程序 fact.s；求最大公倍数程序 gcm.s；求素数程序 prim.s。 ②用指令调度技术解决流水线中的结构相关与数据相关。 ③用循环展开、寄存器换名以及指令调度提高性能。 ④掌握 DLXview 模拟器的使用方法，实现记分牌算法和 Tomasulo 算法的模拟。通过对内存访问延迟、功能部件的数目、功能部件的延迟的配置，实现不同流水线的模拟。比较分析基本流水线与记分牌算法和 Tomasulo 算法的性能及优缺点。 ⑤运行 SimpleScalar 模拟器；在基本配置情况下运行程序（请指明所选的测试程序），统计 Cache 总失效次数。 ⑥系统验收：根据学生撰写的课程设计报告及实际设计情况对项目进行验收。
综合性训练课程 1：软件开发能力的培养	
软件开发能力培养	1. 概述 本课程是以培养学生的软件开发能力为主的理论与实践相融通的综合性训练课程。课程以软件项目开发为背景，通过与课程理论内容教学相结合的综合训练，使学生进一步理解和掌握软件开发模型、软件生存周期、软件过程等重要理论在软件项目开发过程中的意义和作用，培养学生按照软件工程的原理、方法、技术、标准和规范进行软件开发的能力；培养学生的合作意识和团队精神；培养学生的技术文档编写能力，从而使学生提高软件工程的综合能力。 建议本训练课程在 3～4 周内完成。 2. 相关理论知识 ①软件生存期模型； ②主流软件开发方法； ③问题的定义与系统可行性调研； ④系统需求分析的方法与任务； ⑤结构化需求分析的图形描述（数据流图和数据词典）； ⑥加工逻辑的描述（结构化语言、判定表、判定树）； ⑦结构化系统设计方法与任务、基本的设计策略及不同类型内聚和耦合的特点； ⑧系统结构图的基本画法及系统结构的改进原则； ⑨常用图形工具（HIPO 图、PAD 图、程序流程图等）和 PDL 语言的使用； ⑩面向对象分析、面向对象设计的基本概念； ⑪面向对象的 OMT 方法； ⑫构建对象模型图、事件跟踪图； ⑬UML 的发展和特点； ⑭掌握 UML 中主要模型的作用及主要模型图的画法； ⑮类图、用例图的构建； ⑯软件测试的常用方法； ⑰测试用例的设计。

综合性训练课程1：软件开发能力的培养	
软件开发能力培养	3. 综合训练内容 　　由2～4名学生组成一个项目开发小组，选译题目进行软件设计与开发。具体训练内容如下： 　　①熟练掌握常用的软件分析与设计方法，至少使用一种主流开发方法构建系统的分析与设计模型； 　　②熟练运用各种CASE工具绘制系统流程图、数据流图、系统结构图和功能模型； 　　③理解并掌握软件测试的概念与方法，至少学会使用一种测试方法完成测试用例的设计； 　　④分析系统的数据实体，建立系统的实体关系图（ER图），并设计出相应的数据库表或数据字典； 　　⑤规范地编写软件开发阶段所需的主要文档； 　　⑥学会使用目前流行的软件开发工具，各组独立完成所选项目的开发工作(如VB、VC++、Java等开发工具)，实现项目要求的主要功能； 　　⑦每组提交一份课程设计报告。
综合性训练课程2：系统集成能力的培养	
系统集成能力培养	1. 概述 　　本课程是以培养学生的系统集成能力为主的理论与实践相融通的综合性训练课程。课程以系统工程开发为背景，使学生进一步理解和掌握系统集成项目开发的过程、方法，培养学生按照系统工程的原理、方法、技术、标准和规范进行系统集成项目开发的能力；培养学生的合作意识和团队精神；培养学生的技术文档编写能力，从而使学生提高系统工程的综合能力。 　　建议本训练课程在4～6周内完成。 　　2. 相关理论知识 　　①网络基本原理； 　　②网络应用技术； 　　③系统工程中的网络设备的工作原理和工作方法； 　　④系统集成工程中的网络设备的配置、管理、维护方法； 　　⑤计算机硬件的基本工作原理和编程技术； 　　⑥系统集成的组网方案； 　　⑦综合布线系统； 　　⑧故障检测和排除； 　　⑨网络安全技术； 　　⑩应用服务子系统的工作原理和配置方法。 　　3. 综合训练内容 　　本综合课程要求学生结合企业实际的系统集成项目完成实际管理，并加强综合集成能力。由2～4名学生组成一个项目开发小组，结合企业的实际情况完成以下内容： 　　①网络原理和网络工程基础知识的培训和现场参观； 　　②网络设备的配置管理；

综合性训练课程2：系统集成能力的培养	
系统集成能力培养	③综合布线系统； ④远程接入网配置； ⑤计算机操作系统管理； ⑥计算机硬件管理和监控； ⑦外联网互连； ⑧故障检测与排除； ⑨网络工程与企业网设计； ⑩规范地编写系统集成各阶段所需的文档（投标书、可行性研究报告、系统需求说明书、网络设计说明书、用户手册、网络工程开发总结报告等）； ⑪每组提交一份综合课程训练报告。
综合性训练课程3：信息技术应用能力（软件测试）的培养	
信息技术应用能力（软件测试）培养	1. 概述 　　本课程是以培养学生的软件测试能力为主的理论与实践相融通的综合性训练课程。课程以软件测试项目开发为背景，使学生深刻理解软件测试思想和基本理论；熟悉多种软件的测试方法、相关技术和软件测试过程；能够熟练编写测试计划、测试用例、测试报告，并熟悉几种自动化测试工具，从工程化角度提高和培养学生的软件测试能力；培养学生的合作意识和团队精神；培养学生的技术文档编写能力，从而使学生提高软件测试的综合能力。建议本训练课程在3～4周内完成。 　　2. 相关理论知识 　　①软件测试理论基础； 　　②测试计划； 　　③测试方法及流程； 　　④软件测试过程； 　　⑤代码检查和评审； 　　⑥覆盖率和功能测试； 　　⑦单元测试和集成测试； 　　⑧系统测试； 　　⑨软件性能测试和可靠性测试； 　　⑩面向对象软件测试； 　　⑪Web应用测试； 　　⑫软件测试自动化； 　　⑬软件测试过程管理； 　　⑭软件测试的标准和文档。 　　3. 综合训练内容 　　由2～4名学生组成一个项目开发小组，选择题目进行软件测试。具体训练内容如下： 　　①理解并掌握软件测试的概念与方法； 　　②掌握软件功能需求分析、测试环境需求分析、测试资源需求分析等基本分析方法，并撰写相应文档；

信息技术应用能力软件测试培养	**综合性训练课程3：信息技术应用能力（软件测试）的培养**
	③根据实际项目需要编写测试计划；
	④根据项目具体要求完成测试设计，针对不同测试单元完成测试用例编写和测试场景设计；
	⑤根据不同软件产品的要求完成测试环境的搭建；
	⑥完成软件测试各阶段文档的撰写，主要包括测试计划文档、测试用例规格文档、测试过程规格文档、测试记录报告、测试分析及总结报告等；
	⑦利用目前流行的测试工具实现测试的执行和测试记录；
	⑧每组提交一份综合课程训练报告。
计算机工程能力培养	**综合性训练课程4：计算机工程能力的培养**
	1. 概述
	本课程要求学生结合计算机工程方向的知识领域设计和构建计算机系统，包括硬件、软件和通信技术，能参与设计小型计算机工程项目，完成实际开发、管理与维护。学生在该综合实践课程上要学习计算机、通信系统、含有计算机设备的数字硬件系统设计，并掌握基于这些设备的软件开发。本综合训练课程培养学生如下素质能力：
	①系统级视点的能力：熟悉计算机系统原理、系统硬件和软件的设计、系统构造和分析过程，要理解系统如何运行，而不是仅仅知道系统能做什么和使用方法等外部特性；
	②设计能力：学生应经历一个完整的设计经历，包括硬件和软件的内容；
	③工具使用的能力：学生应能够使用各种基于计算机的工具、实验室工具来分析和设计计算机系统，包括软、硬件两方面的成分；
	④团队沟通能力：学生应团结协作，以恰当的形式（书面、口头、图形）来交流工作，并能对组员的工作做出评价。建议本训练课程在4周内完成。
	2. 相关理论知识
	①计算机体系结构与组织的基本理论；
	②电路分析、模拟数字电路技术的基本理论；
	③计算机硬件技术（计算机原理、微机原理与接口、嵌入式系统）的基本理论；
	④汇编语言程序设计基础知识；
	⑤嵌入式操作系统的基本知识；
	⑥网络环境及 TCP/IP 协议线；
	⑦网络环境下数据信息存储。
	3. 综合训练内容
	本综合实践课程将对计算机工程所涉及的基础理论、应用技术进行综合讲授，使学生结合实际网络环境和现有实验设备掌握计算机硬件技术的设计与实现；可以完成如汇编语言程序设计的计算机底层编程并能按照软件工程学思想进行软件程序开发、数据库设计；能够基于网络环境及 TCP/IP 协议栈进行信息传输，排查网络故障。由3或4人组成一个项目开发小组，结合一个实际应用进行设计，具体训练内容如下：

	综合性训练课程4：计算机工程能力的培养
计算机工程 能力培养	①基于常用的综合实验平台完成计算机基本功能的设计，并与个人计算机（Personal Computer，PC）进行网络通信，实现信息（机器代码）传输； ②对计算机硬件进行管理和监控； ③熟悉常用的实验模拟器及嵌入式开发环境； ④至少完成一个基于嵌入式操作系统的应用，如网络摄像头应用设计等； ⑤对网络摄像头采集的视频信息进行传输、压缩（可选）； ⑥对网络环境进行常规管理，即对网络操作系统的管理与维护； ⑦每组提交一份系统需求说明书、系统设计报告和综合课程训练报告。
	综合性训练课程5：项目管理能力的培养
项目管理能 力培养	1. 概述 本课程是以培养学生项目管理综合能力为主的理论与实践相融通的综合训练课程。课程以实际企业的软件项目开发为背景，使学生体验项目管理的内容与过程，培养学生参与实际工作中项目管理与实施的应对能力。 2. 相关理论知识 ①项目管理的知识体系及项目管理过程； ②合同管理和需求管理的内容、控制需求的方法； ③任务分解方法和过程； ④成本估算过程及控制、成本估算方法及误差度； ⑤项目进度估算方法、项目进度计划的编制方法； ⑥质量控制技术、质量计划制订； ⑦软件项目配置管理（配置计划的制订、配置状态统计、配置审计、配置管理中的度量）； ⑧项目风险管理（风险管理计划的编制、风险识别）； ⑨项目集成管理（集成管理计划的编制）； ⑩项目团队与沟通管理； ⑪项目的跟踪、控制与项目评审； ⑫项目结束计划的编制。 3. 综合训练内容 选择一个业务逻辑能够为学生理解的中小型系统作为背景，进行项目管理训练。学生可以由2或3人组成项目小组，并任命项目经理。具体训练内容如下： ①根据系统涉及的内容撰写项目标书； ②通过与用户（可以是指导教师或企业技术人员）沟通，完成项目合同书、需求规格说明书的编制；进行确定评审；负责需求变更控制； ③学会从实际项目中分解任务，并符合任务分解的要求； ④在正确分解项目任务的基础上，按照软件工程师的平均成本、平均开发进度，估算项目的规模和成本、编制项目进度计划，利用Project绘制甘特图；

续表

综合性训练课程 5：项目管理能力的培养	
项目管理能力培养	⑤在项目进度计划的基础上，利用测试和评审两种方式编制质量管理计划； ⑥学会使用 Sourcesafe，掌握版本控制技能； ⑦通过项目集成管理能够将前期的各项计划集成在一个综合计划中； ⑧能够针对需求管理计划、进度计划、成本计划、质量计划、风险控制计划进行评估，检查计划的执行效果； ⑨能够针对项目的内容编写项目验收计划和验收报告； ⑩规范地编写项目管理所需的主要文档：项目标书、项目合同书、项目管理总结报告； ⑪每组提交一份综合课程训练报告。

第二节　计算机专业应用型人才的培养方向

鉴于应用型本科侧重于培养技术应用型人才的特点，计算机专业应设置计算机工程、软件工程和信息技术 3 个专业方向。在《计算机科学与技术》专业核心知识领域基础上，3 个专业方向应根据各自方向的知识结构要求，确定本专业方向的特色知识单元和与之对应的专业方向学科性理论课程。在此以软件工程方向和信息技术方向的专业特色知识单元为例，其中，软件工程方向专业特色知识单元由 9 个单元组成，信息技术方向专业特色知识单元由 12 个单元组成，分别如表 4-7 和表 4-8 所示。

表 4-7　软件工程方向专业特色知识单元

知识单元	主要内容
工程经济基础知识	项目的成本估算、工期与定价分析
	项目的经济效益、社会效益与风险分析
	软件项目进度计划的制订与团队组织
软件需求分析	需求分析的任务和目的
	需求获取的过程
	需求分析的方法
	需求分析的常用描述工具
	需求管理的内容和方法（需求的状态管理、变更管理、跟踪、验证和确认等）
	软件建模的原则

知识单元	主要内容
软件设计	软件设计的任务
	软件设计的基本原理
	软件设计方法（面向过程设计、面向数据设计、面向对象设计）
	人机交互设计的方法和任务
	软件设计常用的描述工具
	软件设计性能的描述和优化
	软件构架技术和软件复用技术
	软件设计阶段文档的建立
软件实现	软件实现阶段的主要任务
	编程语言的分类和选择
	程序设计的主流方法和程序设计的风格
	软件实现阶段的文档建立
软件测试与调试	软件测试的目的和原则
	软件质量及软件质量保证的基础知识
	白盒测试技术和黑盒测试技术中测试用例的设计原则和方法
	单元测试和集成测试的基本策略和方法
	系统测试、性能测试和可靠性测试的基本概念和方法
	面向对象软件和 Web 应用软件测试的基本概念和方法
	软件调试的目的和原则
	软件调试的基本方法和调试过程
	软件测试/调试阶段文档的建立
面向对象软件工程	面向对象软件工程的概述
	面向对象的主流开发方法
	面向对象的软件开发过程
	面向对象软件分析
	面向对象软件设计
	UML 的发展历史和特点
	UML 的建模基础
	UML 模型的建立

续表

知识单元	主要内容
软件项目管理	软件项目管理的基础知识
	软件项目启动阶段的管理
	软件项目需求分析阶段的管理
	软件项目设计阶段的管理
	软件项目实现阶段的管理
	软件项目测试/调试阶段的管理
	软件系统试运行阶段的管理
	软件项目验收
	软件项目综合分析评价
	软件项目管理的标准化
软件维护	软件维护的主要任务和特点
	软件维护的实施过程
	提高软件可维护性的方法
	软件维护阶段文档的建立
	逆向工程和重构工程
软件过程工程基础	软件过程的基本概念
	软件过程的重要组成（基本过程、支持过程、组织过程）
	软件过程模型的建立
	软件需求过程的任务和基本原则
	软件设计过程的主要任务、基本原则、优化原则
	软件测试与调试过程的主要任务和主流方法

表 4-8　信息技术方向专业特色知识单元

知识单元	主要内容
信息技术基础知识	信息技术的基本概念
	信息技术的发展史
	信息技术与其他学科的关系
	信息技术的典型应用领域
	信息源与信息采集方法
	信息的存储与压缩
	信息数据的结构和组织

续表

知识单元	主要内容
信息技术基础知识	信息的处理与传输
	信息的检索与利用
	信息系统的分类与应用
	信息的发布
	信息的安全和管理
人机交互界面	人机界面设计的一般原则
	人机界面设计
	可视化编码技术
	人机界面开发环境
	人机界面开发工具包
	人机界面测试工具
	人机界面评价
	新兴技术
信息保障和安全	信息安全保障的基本知识
	信息系统安全策略
	安全机制
	灾难恢复及事故处理
	攻击与反攻击
	网络安全域
	威胁分析模型
	安全漏洞
信息系统分析	系统调查及问题的识别
	可行性研究
	逻辑模型的常用工具和实现
	系统需求分析（逻辑模型、数据字典等）
	建立 SRS 文档（软件需求文档）说明书
	系统分析常用工具的使用
信息系统设计	系统设计的目标、内容
	结构化系统设计
	系统结构设计
	系统详细设计

知识单元	主要内容
信息系统设计	输入输出设计
	系统设计总结和评估
	建立系统设计说明书
信息系统测试	测试的基础知识
	测试技术的概述
	测试的基本流程
	测试的用例设计
	测试实施的过程
	主流测试工具的使用
	建立测试文档（测试计划、系统测试报告等）
信息技术与社会环境	信息技术行业概述
	信息技术教育发展
	社会信息学概述
	公共信息系统中的个人隐私
	信息技术应用涉及的法律问题
	机构环境（业务流程、信息技术环境、机构文化、行业特征）
信息系统管理与维护	信息系统开发过程管理
	信息系统运行环境管理
	信息系统基础数据管理
	信息系统运行维护
	信息系统安全管理
	信息系统运行结果分析
	信息系统管理效益评价
	信息管理工具使用
数字媒体技术基础	数字媒体技术概述
	数字音频与数字视频基础
	数字图像的基础知识
	数字动画概述
	数字媒体压缩与存储的基础知识
	多媒体处理工具使用

续表

知识单元	主要内容
Web 开发技术基础	Web 开发技术概述
	Web 开发环境的建立
	Web 静态网页设计
	Web 动态网页设计
	可扩展置标记语言 XML
	Web 站点规划
	Web 站点性能优化
	Web 站点安全性管理
	数字媒体 Web 传输
项目管理	项目管理概述
	项目管理的主要任务
	项目团队与沟通管理
	项目集成管理
	项目风险管理
信息系统监理	信息系统监理的概念
	信息系统监理的对象
	信息系统监理的规划与实施过程
	信息系统监理的控制管理与协调
	电子商务工程监理
	电子政务工程监理
	信息系统监理监督和评价过程

第五章　计算机专业应用型人才培养的多途径

应用型的要求决定了高校计算机专业人才的培养不是校园封闭式培养，而是多元化培养模式的实践。而实现这一目标的多元化方法和手段绝不是盲目的、随意的，而应该是精准的、有效的。从地方高校发展的定位、目标以及社会价值角度来看，地方本科院校的应用型人才培养要充分利用自身的资源优势和贴近性优势，发展适合社会需求的高等教育。切忌盲目攀高，也无须面面俱到去弥补人才能力结构中所有的短板。

第一节　多元化培养模式

在地方本科院校人才培养的多元化途径的选择与设置过程中，首先需要分析与地方本科院校发展及人才培养相关的机构与群体。政府、企业、国内外地方本科院校是人才培养过程中与高校人才培养最为密切的机构。政府是高校人才培养的管理方，既为高校人才培养提供指导和管理，也为高校人才培养提供各类资源及就业岗位；企业是高校人才培养的对接方，代表经济及产业发展方向，为人才培养提供实战技能及就业；国内外地方本科院校则为高校人才培养提供培养机会、经验借鉴，促进资源充分共享。因此，多元化培养模式主要在校地、校企、校校、国际合作中进行。

一、校地合作的培养模式

根据党中央国务院"鼓励高等学校适应就业和经济社会发展需要，调整专业和课程设置，推动高等学校人才培养"的指示精神，地方应用型本科院校必须抓住区域经济发展的契机，转变人才培养模式，提高办学效率。应用型本科人才的培养应结合"立足地方、融入地方、服务地方、回报地方"的办学理念，努力做到融通识教育与专业教育为一体，融课内教育与课外教育为一体，融理论教学与实践教学为一体，融知识传授与能力培养为一体，文理通融、因材施教，坚持专博结合，培养应用型人才。校地合作是地方应用型本科院校人才培养的基本途径之一，是应用型高等教育的一个显著特征。

校地合作指的是院校与院校地理位置所处区域或相关区域范围内的地方政府等部门的合作。校地合作既是学校开放办学的一种新的教育理念，也是一种办学模式，目的是处理好学校发展与地方政府、学校与市场的关系，从而为自身赢得更大的生存和发展空间。校地合作是高校与地方政府以及各类职能部门机构、组织、社区的全方位对接，其中政府部门是合作的主要对象。目前我国高校与地方政府的合作主要通过以下方式实现。

（一）合作成立办学机构

合作成立办学机构是校地合作较早就开始尝试的一种方式，尤其在关系到党政重要工作的某些学科领域，合作共建、合作办学，既可以加强地方政府对高校学科发展方向的指导，也可以让高校与地方政府实现无缝对接，更好地为地方政府培养人才、提供服务。这一合作模式主要在两个领域进行，一是与意识形态相关的重要领域，如新闻传播、马克思主义思想等；二是关系到地方重要产业发展的某些领域，如计算机软件、交通、金融等领域。

（二）项目合作

项目合作是校地合作的常规方式，也是高校促进科研成果转化的重要方式。

这一方式以地方政府及各级职能部门、组织等的具体项目及研究任务为目标，由高校提供科学研究、管理咨询、对策措施等服务。高校"智库"及其平台机构是这一合作方式的常见载体。以四川某高校为例，该校产业技术研究院就是基于高校与地方协同创新基础上成立的智库机构。2013年7月10日，该校产业技术研究院正式揭牌，该院通过吸引产业化技术研发人才和技术转移人才，推动了全省高校科技成果在川加速转化。该校产业技术研究院与成都市科技局、双流区政府等部门机构进一步商讨共建事宜，成都市13个战略功能区域的发展与规划，围绕新材料、节能环保、信息技术、生物医药和绿色酿造等产业布局，建立了研发平台和产业化示范基地。与此类似，该校的文化产业研究中心也是该校成立的基于四川省文化产业发展的智库机构。除智库机构以外，专家团队、项目小组也成为校地合作中的常见形式。这类合作往往以项目为核心，由地方委托，与高校合作完成，由高校组建以科研骨干和学生为主体的研究团队完成项目。例如，2012—2014年，成都市各职能机构就与成都某高校完成了多个项目合作，其中包括成都市人大常委会委托合作的成都市公益文化发展研究、成都市委宣传部委托的广播电视新闻质量考评、成都市广播电视和新闻出版局委托合作的成都市主流媒体社会责任评价、马克思主义新闻观研究、地方文化调查等项目，合作经费高达一百多万元，尤其在地方文化调查中，学生参与热情极高，既进一步学习和掌握了成都的本土文化，也锻炼了写作水平，积累了社会调查经验。

（三）资源对接

随着高校与地方政府、社会组织等的进一步沟通交流，资源对接将成为校地合作的常态化内容。在资源对接的过程中，政府扮演了极为重要的角色。政府既是社会公共资源的管理者，也是各类产业资源的协调者。不同地方的产业发展、社会服务内容千姿百态，各有特色。因此，促进地方产业资源与高校资源对接，也是地方政府的一项重要工作。同时，学校学科建设、特色专业设置也要对接地方产业，准确把握政府的产业规划，在办学中主动调整专业结构，才能满足政府的产业发展对人才的需求。例如，成都电子科技大学与成都的软件产业发展就是资源对接的典型案例。张毓、周家华等研究者还提出了旅游产业开发中的 C-L 模式。他们认为，C-L 模式不是简单的院校与地方的连接，它是一个有关地方可持续发展的复杂系统：C 代表 College，意思为地方院校，内涵专业智力支持，与专有特殊合作组织构架，如以院校为依托，校地共建研究单位，服务地方，是有机的物质系统；L 代表 Local，意思是地方服务部门和企业单位，包括与旅游发展相关的政府部门、行业协会、地方联盟以及旅行社、旅游酒店、旅游景区或景点，内涵利益共赢的可持续发展模式，如共建基地。C-L 模式在旅游发展实践的应用过程中，表现为以"长效机制，内涵发展"为理论路径选择，以"智力支持、互动合作、共谋发展、利益倾斜"为实践路径选择，最终实现共建共赢的目标，如图 5-1 所示。

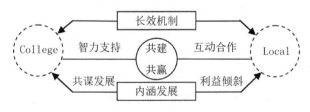

图 5-1　C-L 模式概念模型

二、校企合作的培养模式

高等教育是连接基础教育与社会就业之间的核心环节。以高素质培养为基础的实践能力培养，是高等教育的重要任务。从这个角度看，校企合作是培养高素质应用型人才的重要社会途径。通过校企合作，在企业化情境中培养"准职场精英"们的专业知识运用水平、实战操作水平，提高创新创业能力，是高校人才培养的必经之路。

（一）合作成立独立学院

目前我国校企合作办学主要是合作成立独立学院或者独立的系。第一类为独立学院。近十年来我国大量的 985、211 高校都与企业合作成立了独立学院。

目前大量独立学院与企业之间关联并不紧密，企业更多的是学院的出资方，而在为学生提供社会实践、职业训练、工作机会等方面所起的作用并不突出。企业在人才互动培养和人力资源利用上，并没有起到关键性的推动作用，因此，这一模式还有待在校企合作模式上进一步加强探索。

（二）合作发展产业项目

校企产业项目合作是高校获取横向合作项目的主要来源，在大量偏向产业研究与服务的学科中，没有项目合作几乎就等同于失去生存根基，既无法通过实验有目的地锻炼学生的动手操作能力，也无法给学生的未来就业提供明确指向。因此，校企产业项目合作是计算机等应用类科学人才培养的重要手段。

（三）增强业界师资力量

师资力量是人才培养的关键。许多地方型高校意识到，单一的学院派教师对培养应用型人才的目标来说是远远不够的，远不能适应社会发展和经济发展的需求。因此校企合作中，企业参与高校的人才培养成为重要的合作方式之一。"双师型"教师的引进在一定程度上缓解了师资力量的业界经验问题，从企业聘用骨干和知名人士担任"客座教授"的方式也被高校广泛运用，但这依然远远不够。"双师型"教师进入体制，脱离了企业工作情境，多年后与企业逐渐疏离；"客座教授"人数有限，时间有限，远不能满足人才培养的实践型和应用型需求。因此，加强校企在培养人才方面的互相渗透、深度合作就显得迫在眉睫。让企业的师资渗透到高校，让高校的学生渗透到企业，才能实现校企合作的深入发展。好在，部分高校在这一领域已经开始采取深度行动。这类举措的出现，是校企合作进一步走向深入，进行互渗型合作的重要表征，它充分说明在应用型人才的培养过程中，我国的校企合作做得还远远不够。

（四）建设实习实践基地

《国家中长期教育改革和发展规划纲要（2010—2020 年）》明确指出，

应"加强学校之间、校企之间、学校与科研机构之间合作以及中外合作等多种联合培养方式，形成体系开放、机制灵活、渠道互通、选择多样的人才培养体制"。实习实践基地的建设是大多数校企合作的常态。

三、校校合作的培养模式

由于资源分配的不平衡以及各校发展历史的差异，每个高校都有优势和短板，因此在高校与高校之间强强合作、资源共享、优势互补、充分拓展"第二校园"的资源和空间，成为许多高校的选择。"第二校园经历"是借助于校际与校研合作平台，让学生在本科或研究生学习期间，有机会到国内其他著名大学或科研机构访学，进行学习交流。这种交流形式带给学生的是一种开阔的视野、一种全球意识、开放意识和竞争意识，让学生们不仅了解了本校之外另一种大学的校园文化，回校之后，又把这种新的文化理念带到本校，让学校更具活力。"第二校园"的开拓主要体现在以下几个层面。

（一）本科学分互认制

本科学分互认是指高校与高校相应的学科专业之间达成协议，彼此承认自己的学生在对方校园所选课程，并且在通过课程考试后，彼此承认学生所修学分的有效性。这意味着学生在"第二校园"所修相关学分，同样能满足本校的毕业要求，这为高校之间进行互动交流、实现师资共享、弥补学科及专业发展不足提供了良好的机会，尤其在大多数高校都实行学分制之后，学科互认变得更为便利可行。以山东省某高校为例，2002—2006年，仅就本科生访学工作而言，山东省某高校就派出1 945名学生赴厦门大学、武汉大学、兰州大学、中山大学、吉林大学、哈尔滨工业大学、天津大学、中国人民大学等高校进行为期半年或一年的访学，涉及校内22个学院，54个专业；另外，该高校还接收厦门大学、武汉大学、兰州大学、中山大学、首都医科大学、宁波大学、山东经济学院等学校的2 227名大学生来本校交流学习，涉及校内23个学院，53个专业。围绕着规范本科生访学，该高校构建了学校校际合作领导小组—职能部门—学院三级管理服务网络体系，学校有关职能部门制定了若干个规范本科生访学的规定，创造性地提出了解决制约本科生访学的工作方案，并设立了"校际合作"网站、"三种经历"网页，使"第二校园经历"进一步规范化、制度化。本科生访学，不仅开启了兄弟院校之间友好互动交流的渠道，而且还产生了显著的社会效益，在国内高校中产生了很大影响，引起了国内新闻媒体和社会公众的广泛关注和一致好评。此外，在图书馆、实验室等重要学习资源上，"第二校园"同样可以通过图书证通用互认、实验室开放等方式进行资源共享，充分满足学生"第二校园"的学习需求。

（二）师资资源的交流

在学分互认的同时，高校师资资源的交流、学习、互派制度也可以成为校校合作的桥梁。高校之间各类学术活动、进修、访学等都进行得如火如荼，但面临的尴尬是，大多数情况师资力量的交流和学习是低层次高校向高层次高校的流动，而高层次高校的师资向低层次师资的流动非常有限。

（三）研究生联合培养

研究生联合培养已经成为校校合作的常见模式。高校之间研究生高层次学术访问、研究生推免、研究生导师互聘已经发展得较为成熟。同样以山东某高校为例，2004年3月，该校与厦门某高校启动研究生"第二校园经历"。当年9月初，首批15名两校研究生访学活动开始，时间为一年。2005年9月，两校又进行了第二批13名访学研究生交流互派。以研究生访学为主要方式的研究生"第二校园经历"是学校大力推进研究生教育创新计划，积极探索研究生联合培养的方式与途径，建立开放的研究生培养体系的重要举措之一。

（四）校校创业团队合作

校际学生创业团队合作将成为未来创新创业的新发展趋势。一是不同高校间的学科优势、思维方式有诸多互补之处，二是基于高校大学生科研、创新创业的全国大学生"挑战杯"等赛事为高校学生提供了跨校合作的平台。各地方政府、高校团委及就业机构也将积极为跨校创业团队提供更为周到、有价值的帮助和服务。历年的"挑战杯"向我们证实了跨校合作的优势和价值；大量中小板、创业板上市公司的股东结构也向我们证实了跨校创业团队合作的优势与力量。各地涌现的大学生创业园、以创业为主题的青年社区的出现也证明了这一趋势。在不久的将来，跨校创业团队合作将成为全国高校最重要的合作途径之一，也是各校精英人才的集中诞生地。

四、国际合作的培养模式

全球化进程同样体现在高等教育领域，尤其是文化交流、经济合作日益频繁的今天，为了适应未来全球化就业和文化交流的发展趋势，各类高校之间的国际合作日益频繁。目前高等教育的国际合作主要体现在以下四个层面。

（一）设立独立学校

在国外高校留学名额和资源有限的前提下，为了满足我国日益增长的留学需求，国内大学与国外高校合作成立独立学校成为一个折中的选择，2004年，经中国教育部批准，由英国诺丁汉大学（University of Nottingham）和浙江万里学院合作创办的宁波诺丁汉大学成立。它是在中国设立的第一家具有独立法人资格和独立校区的中外合作大学。宁波诺丁汉大学实行全英文授课，实行与英国诺丁汉大学完全一致的教学评估体系，学生毕业后将被授予英国诺丁汉大学学位。目前学校有90多位专任外籍教师，在校的国际生人数已将近100人，每一个宁波诺丁汉大学学生都有机会通过夏季短学期到英国诺丁汉大学进行学习。

西交利物浦大学是由西安交通大学和英国利物浦大学（University of Liverpool）合作创办的本科高等院校，2006年5月经教育部批准设立。学校在起步阶段以本科教育为主，以后逐步开展研究生教育，给合格的毕业生颁发国家承认的学历和学位证书，对符合英国政府关于学历学位教育政策规定的学生颁发利物浦大学的学历和学位证书。西安交通大学和英国利物浦大学都承认学校的学分。学校师资和管理人员由西安交通大学和英国利物浦大学从校本部选拔的教授和行政人员组成，并引进了英国利物浦大学先进的教学模式及严格的质量保证控制体系。

（二）成立联合院系

这种模式的合作是指中国的大学与国外一流大学联合，成立新的下属学院。目前国内较为知名的中外联合成立的学院是上海交通大学—密歇根联合学院。上海交通大学—密歇根联合学院董事会有10人，双方各占5人。联合学院于2006年正式成立，是在原来机械工程和电信与电气工程学院合作项目的基础上建立的。合作的两校均有比较悠久的合作历史，上海交通大学在工程领域有着非常好的声誉，密歇根大学是美国管理完善的大学之一，成立联合学院对扩大合作规模、达成共赢非常有利。学生培养参照密歇根大学等世界一流大学的教育模式，中外教授共同执教，以英语教学为主。联合学院在招生、师资和管理模式上有很大的突破，所采用的方式和国际一流大学接轨。双方学校互相承认学分，学生可以申请两校的双学位。在求学期间，学生的部分课程在中国完成，另一部分则要到国外完成。

（三）双学位互认制

国际合作的双学位互认制成为高校国际合作的新热潮，一方面既可以满足大量学生上国内高校即可出国留学的需求，另一方面也为国际留学生互派、高校国际资源共享等提供了更为便利的通道。这为具有国际视野的高素质应用型人才培养提供了更为优质的土壤。这类国际合作一般集中在比较热门的工商管理、传媒文化、电子商务、国际贸易等专业领域。学生通过国内高校和国外高校的共同学习，修习相关课程，便可同时获得国际通行、互认的双学位。例如，天津财经大学和美国俄克拉荷马大学合作的 MBA 项目，教学全程由美国教授授课，课堂教学为全英文，学制为两年，学生凡修满学分、成绩合格者，由美国俄克拉荷马大学颁发国际公认的工商管理硕士学位证书。

（四）国际交换生项目

国际交换生项目是目前国内高校与国外合作最为普遍的一种国际合作模式。不同学校的学生进行一个或两个学期的交换，交换期间所修得的学分互相认可。国际交换生既有 2+2 模式，也有 3+1 模式，或者 3.5+0.5 模式。这种合作模式中的学生会到国外大学学习，最后的学位仍由原来学校颁发。在上海交通大学约有 50 个这样的合作项目，合作学校分布在美国、加拿大、英国、法国、德国、荷兰、新加坡、日本、韩国、澳大利亚等国家和地区，涉及学生 11 500 多人。

第二节　趋于能力化的培养目标

从不同视角出发，人才培养能力素质有多种分类。从职业角色担任，企业组织发展角度、人才素质角度都存在不同的能力素质划分。例如，从企业组织发展角度的能力素质模型将能力指标划分为全员核心能力、职系序列通用能力、专业技术能力；麦克利兰的素质模型将能力素质划分为 6 个素质族 21 项素质。在既往学者研究的基础上，根据应用型人才的社会适应性与终身职业发展，我们从可持续发展角度将应用型人才的能力指标总体归结为三个大层次：基本能力、核心能力、创新创业能力。

一、应用型人才能力培养目标

（一）人才培养能力目标分解

从社会适应性与终身职业发展来看，应用型人才的能力结构主要包括基本能力、核心能力、创新创业能力。基本能力是指人才的基本素质，这些素质使其具有基本社会生存能力和适应性、具有基础物质及精神生活满足能力，其中主要包括基本道德能力、思维能力、学习能力和沟通协调能力。这是高等教育的基本目标，也是人才培养要达到的基本要求。核心能力主要是指能帮助人才主体获得良好职业发展、社会地位、做出社会贡献的核心素质，包括基本的知识应用能力、专业技能、环境适应能力、职业观念等。创业创新能力是指能在社会及职业发展中具有开创性，能促进主体自主创业、研究创新、管理创新、对社会做出卓越贡献等高层次的能力。这一层次的能力只有少数人能够具备，是对人才培养的特殊要求，而不是一般性要求。具体能力的层次划分如表5-1所示。

表5-1　人才培养能力指标分解描述表

能力指标	指标子项	基本描述（主要包括）
基本能力	道德能力	责任心、毅力、自信心、自制力、进取心等基本人格品质
	思维能力	基本逻辑思维、形象感知体验
	学习能力	对各个领域的理解和接受能力、对自然世界法则与人类社会规律的基本认知能力
	沟通协调能力	团队合作能力、表达能力、协调能力、人际交往
核心能力	专业技术能力	专业理念、专业知识水平、专业动手能力、操作执行能力
	知识应用能力	专业知识的职业应用、专业领域融会贯通能力
	环境适应能力	新自然环境、新人际的适应能力、自我调适能力
	管理能力	自我时间管理、职业管理、项目管理、小团队管理能力
	职业观念	职业标准、规范认知，职业道德遵守、职业理念及规划
创新创业能力	高层次认知能力	对天赋能力的认知与运用、专业研究水平、自主学习及创新水平
	思维方法	某一领域的思维优势、创意、对联系的认知
	组织能力	人际号召力、组织协调完成既定目标的能力、社会动员能力
	行动能力	对创意、想法、理念的贯彻与行动
	决策能力	决策水准、决策果断性、解决问题能力
	应变能力	应对环境变化、避险能力

（二）人才培养的依据

地方本科院校的人才培养必须基于两个主要因素，一是基于适合该校自身定位和地方需求的能力指标的培养，全国性研究型大学更注重基本科研能力、创新能力、高层次思维能力的培养，应用型地方本科院校更注重学生基本素质、核心能力、技术应用、操作能力培养。二是基于不同高校学生的基本现状。承认天性不同、后天环境影响不同所带来的个体差异性、群体差异性是人才培养的基本前提。学生的基本现状从招生时的生源来源、人口统计学特征等就已开始形成。此外，还包括学生的专业意愿、自我定位等主观性因素。以大量本科院校为例，这些高校生源结构复杂，学生主观意愿差异较大，既有考试失利，但综合素质、学习意愿较强的优秀生源；也有综合素质尚可但学习意愿平平的普通学生；还有身心健康程度不一、素质结构存在部分缺陷的少数学生。因此，地方本科院校应用型人才的培养，不能"一刀切"，应对所有学生采用同一标准和模式。

根据现代心理学研究的多元智能理论和教育学的个性发展理论，现代高等教育在制定人才培养方案时必须充分考虑学生的个性发展，注重学生的个体差异。

因此，现代高等教育也出现了纵向和横向的结构性分流特征。

多元智能理论是由哈佛大学发展心理学家霍华德·加德纳（Howard Gardner）教授在其1983年出版的《智能的结构》一书中首先提出。这一理论在世界范围内产生了重要影响，并成为许多西方国家教育改革的指导思想之一。多元智能理论指出，所有人的智能结构都是不同的，在每个人的智能结构中都同时存在着八种相对独立的智能，并且每一种智能都有其独特的运作方式和解决问题的方法。这八种智能在每个人身上的组合方式是多种多样的，有人可能在一个、两个甚至数个方面都具有较高的天赋，在其他方面则可能资质平平，甚至水平极低；有人可能各种智能都很一般，但如果这些智能组合得当，则在解决某些问题或在某些领域极为出色。加德纳认为，个体身上存在相对独立的八种智能，即语言智能、逻辑—数理智能、视觉—空间智能、身体—动觉智能、音乐智能、自知智能、人际交往智能和认识自然智能。任何对多元智能理论的严肃应用，都应该尽最大可能使教育个性化。因此，多元智能理论为现代高等教育提供了看待学生个性差异的独特而积极的视角，教育应该对不同的智能一视同仁。

现代教育学中的个性发展理论认为，个性是相对共性而言的，个性发展的实质就是个性差异的发展。这些差异表现在个人的兴趣、能力、性格、理想、价值取向与行为方式等诸多方面。正因为这些方面差异的存在，使得每一个人都成为具有丰富多样性的活生生的具体实在的个体，每个个体都是在以自己的差异性来确认自己的合理存在。这些差异主要包括生理差异和心理差异，生理差异根源于遗传基因（DNA）的差异，不同基因型的人在智力和行为倾向上存在明显的差异，这些差异主要表现在色觉和听觉的敏感性、嗅觉和味觉的辨别力、数学能力、语词流利性、记忆、心理动态学特征以及内倾、外倾性等方面。对学生的学习、成才影响最直接、最重要的生理差异是神经特质的差异。个体的心理差异具体表现在个体之间的智力、能力、气质、性格、需要、兴趣、理想等方面，我们可以将其划分为智力因素和非智力因素两大方面，智力因素是影响成才的一个举足轻重的因素。学生的智力差异有多种表现形式：其一，从智力的类型差异来看，一般把智力因素分成感知力、记忆力、思维力、想象力、言语能力和操作能力六种成分。对它们不同的组合使用，就构成不同的智力类型。其二，从智力的发展水平来看，智力可以表现为超常、正常和低常的差别。通常认为智商（Intelligence Quotient，IQ）在130以上的为智力超常，这类人占人口总数的1%左右；智商在110～130的为智力偏高，约占人口总数的19%；智商在90～109的智力正常，约占人口总数的60%；智商在70～89的智力偏低，约占人口总数的19%；智商在70以上的为智力低常，约占人口总数的1%。其三，从智力表现的迟早来看，有显露较早者，亦称"早熟"；有"大器晚成"者，亦称"晚熟"。因此，我国高等教育个性化人才培养模式的建构与调整必须遵循人才成长的规律，必须尊重大学生的个性差异，为大学生的个性发展提供充足的条件和空间。

从个体差异及群体差异角度来看待人才培养，是高等教育必须要面对的现实问题。目前大量地方本科院校人才培养的目标应该是，培养所有学生的基本能力，突显绝大部分学生的核心能力，开发一部分学生的创新创业能力。这是地方本科院校培养应用型人才的可操作性路径。

二、基于能力指标的课程设置

课程设置是根据能力培养目标、教学目的和培养模式，按照学科专业对学习者所应具有的知识结构和能力结构的要求，遵循教与学的规律和实际，把教学内容分解为课程，并对这些课程进行安排使之成为一个科学合理的课程体系的过程。

由于学校定位、培养目标的差异，不同类型高等院校课程设置差异较大。

（一）课程模块化设置

基于课程模块化设置考虑，在安排课程时，必须使理论和实践等类型的课程交叉、融合、渗透，把每一类型的课程看作一个系统里的功能模块，而每一门课程也属于一个系统，系统里的课程不是分割孤立的，而是通过一个共同的能力培养目标联系起来并广泛分布在各个功能模块。所有的课程都是连接在一起的，每一门课程对其他课程的学习都有帮助，一门课程通过不同的设置可以同时培养和锻炼学生的多种能力，因此既要注意各门课程内在的系统性，又要注意各门课程之间的联系，以符合学生整体知识结构的要求。

（二）分层型课程设置

在地方本科院校大规模扩招的背景下，学生基本素质、学习习惯等都存在较大差异，因此出现了大学生素质良莠不齐的情况。而高校教育中教师出于兼顾大多数学生需求的目的，教学无法凸显出个性和特色，大学教育逐渐流于"平庸的教育"和对"平庸者的教育"。由于义务教育阶段的平等、公平教育需求，高等教育中也沿袭惯例，不愿意对学生做明确的分层教育，但"精英学生、优秀学生、普通学生"的分野是存在的既定事实。因此，在基于能力目标的人才培养实践中，培养所有学生的基本能力，凸显绝大部分学生的核心能力，开发一部分学生的创新创业能力成为必然选择。在差异化目标前提下，课程设置可以有如下考虑：

其一，分层型课程设置。针对不同学生需求及类型，进行课程分层设置，如表5-2所示。

表5-2　分层型课程设置

能力目标	对象
基本能力培养	100%的学生
核心能力培养	80%以上的学生
创新创业能力培养	20%的学生

其二，课程选课自由度设计。即在学生完成基本能力培养课程的基础上，给予学生自由选课空间，规定选修完成固定学分即可，如表5-3所示。

表5-3　课程选课自由度设计

能力目标	对象	课程设计
基本能力培养	100%的学生	100%必修
核心能力培养	80%以上的学生	80%必修
		20%选修
创新创业能力培养	20%的学生	选修

其三，实行浮动学分制。针对不同学生层次及需求，实行浮动学分制，学分比例如表5-4所示。

表5-4　浮动学分制

能力目标	学分量/学分
基本能力培养	80
核心能力培养	80
创新创业能力培养	40

浮动学分可分为三个层次供学生选择，如表 5-5 所示。

表 5-5　浮动学分制分层

能力目标	学分层次／学分
基本能力全部＋核心能力必修部分	144
基本能力全部＋核心能力全部	160
基本能力全部＋核心能力全部＋创新创业能力选修	180

（三）主动学习型课程设置

针对主动学习型的学生，每周设置"自由课程日"，或每学期设置"自由课程周"。校内外教师开设趣味选修课或专题系列讲座，供学生自由选择自己感兴趣的课程或喜欢的教师去修习课程，并给予一定学分。

三、基于能力指标的教学管理

（一）以学生能力发展为中心

建立以能力指标为导向的人才培养机制，决定了课程设置、教学管理等都应以学生能力的发展为中心，这是高校教学管理的基本原则。目前高校教学管理，尤其需要注重解决两个倾向，一是唯行政指令倾向，将教学管理高度行政化；二是唯市场倾向，将教学管理等同于职业培训管理，一切人才培养举措以及相应管理措施都期待立竿见影、快速兑现，因而导致高度功利化和短视。大学阶段是奠定大学生一生基本价值观及职业发展的基础，是大学生真正走向成熟的关键时期，多层次能力的培养和锻炼显得至关重要，教学管理的基本原则应是以学生能力发展为中心。奠定人才培养的基石，高校才有长远发展前景。

（二）校院分层教学管理

教学管理是高校管理工作的核心与重点。目前，我国大部分高校还是采取以学校为主，学院为辅的管理方式，学校一级的教学管理职能部门负责全校的教学组织与运行、教学规划与决策、教学控制与评价等多项主要职能，而学院一级的教学管理部门一般是遵照学校的管理指令负责执行。在此过程中，学院一级的教学管理部门在管理过程中承担的多是事务性的工作，这就导致在教学管理的过程中无法发挥学院的积极性和主动性，从而使整个学校的教学管理陷入了强力引导、被动执行的局面。要打破这一局面，改革现有的教学管理模式，营造积极有效的教学管理氛围，就必须从校院两级教学管理模式入手。因此，院校两级教学管理要有明确分工，各有侧重，同时注意发挥院级教学管理的自主性与积极作用，凸显院级管理能深入把握学科特点和专业特色的优势，将教学管理做到细致、深入。具体来说，校级教学管理，应注重基本能力培养，针对全校学生统筹安排进行；院级教学管理应注重核心能力培养，主要针对本院学生因材施教、因专业施教；院、校、地方、企业合作，则应注重学生创新创业能力的提升。

（三）校企合作管理

企业的一线实践以及自主创业是加强学生创新创业能力的基本途径。但在学生实习实践、参加校内创业平台、进行校外创业实践的过程中，大多数高校都出现了疏于管理的现象。从企业角度来看，除少数拥有规范管理生、实习生培养机制的大企业外，大多数中小企业往往忙于自身发展，更多考虑的是学生实践为企业做贡献，缺乏对学生有组织、有意识的培养。因此，在学生创新创业能力的培养和提升过程中，高校的教学管理部门应该与就业指导部门一起，共同担负起主体责任：一是高校自己搭建创业平台，为人才培养提供场所与创业情境；二是确定和选择与对口专业进行长期对口输送的企业，稳定进行人才培养合作；三是鼓励自主创业尝试，为自主创业的学生提供多方指导和支持，而目前这项工作已全面展开，如四川大学将校内商铺全部收回，支持学生自主创业行动；四是派出实习实践带队教师或指导教师，深入企业，和学生一起工作，并为学生提供实习实践和创业指导。目前我国大多数高校都开始实行教师深入企业挂职锻炼，这一举措可以与学生创新创业实践结合起来，达到"师生共同工作、共同进步、协同指导"的一箭双雕效果。

（四）分层化选课制

选课制是教学管理中的重要工作，也是实行学分制改革的关键。基于能力培养导向的选课，可以实施分层化和模块化的选课制度，对应分层型课程设置，让学生自主进行浮动学分的层次选择，如表5-6所示。

表5-6　分层型课程的能力目标与学分层次

能力目标	学分层次／学分
基本能力全部 + 核心能力必修部分	144
基本能力全部 + 核心能力全部	160
基本能力全部 + 核心能力全部 + 创新创业能力选修	180

选择基本能力及部分核心能力模块的，可对应选择144学分层次；选择

基本能力及全部核心能力模块的，可选择160学分层次；三个模块都选择的，可对应180学分层次。相应地，在课程的开设上，全校首先要开设足够数量的选修课，学生可以结合自己的职业需求、优势和特长来进行跨专业、跨年级选课；其次要有丰富的教学资源，可以在均衡人文、技能、素养课程比例的基础上，满足专业方向、人文素养和创新创业等模块的不同需求。

（五）实行弹性学制

学分制另一本质特征是弹性学制。这种"弹性"体现为毕业时间的灵活性：一是在修满了规定学分的前提下，学生可以申请提前毕业；二是如果学生由于各种原因中间中断学习，在规定的时间里如能够复学，修满了规定学分，也能顺利毕业；三是在规定时间内，学生如果没有修够学分，可以申请继续学习，推迟毕业。弹性学制需要建立与之相适应的教学运行管理制度和系统，针对教学活动在运行过程中出现的问题进行日常管理，要确保教学活动的有序运行，各项教学工作的有章可循，并确保学分制下的人才培养方案落到实处。

四、基于能力指标的教学改革

（一）研讨式教学模式的设计

研讨式（Seminar）是美国大学中常见的课堂教学方式，尤其是本科高年级和研究生阶段的文科课程，多采用这种方式。研讨式是一种研讨式的教学方法，对比讲座形式来说，它不是一对多的单方面传授知识，而是教师与学生、学生与学生的多方面的互动。在研讨式课堂里，教师从传道者转变为引导者、主持人，学生从被动接受转变为参与者、创造者。被动的课堂转变为互动课堂，每次上课都会有一个"话题"或"主题"，学生和教师围绕这个主题各抒己见甚至辩论，在辩论的过程中形成某个专业领域的新的思维方式、掌握新的知识、解决某一个问题、形成新的观点甚至价值观。研讨式看似轻松随便，却对学生有更高的要求，因为它主要是围绕某一个问题查阅大量的资料，并进行整理、分析，形成自己的基本观点和看法。因此，需要学生课前做大量准备。而教师在研讨式教学过程中，更多充当的是引导者和主持人的角色，但同样也需要深厚的学养和专业能力，要能把握问题的本质，掌控讨论的方向，并帮助和引导学生共同解决问题。这里没有"对错"之分，各类观点不受束缚，不迷信权威，但需要言之成理，能自圆其说。因为每个人都需要完成自己的观点论证过程，从而促使学生主动掌握和接受新知识，占有大量资料，论证和表达的过程又进一步锻炼了学生的逻辑思维和表达能力。

因此，研讨式教学模式既是对基本能力的培养，也是对专业核心能力的培养过程。

（二）基础能力的培养

以广告系列课程中的"广告创意"课程为例，创意思维的训练就可以设计为一个自由、开放的游戏互动过程。在教师的指引下，每个学生都可以围绕一个既定的"主题概念"进行思维发散，培养发散性思维，并相互进行交流。在交流过程中，解除既定思维的束缚，让创意思维得到开发和锻炼。如图5-2所示，围绕"计算机"这个概念，就可以做出多个层次的发散型思维训练。

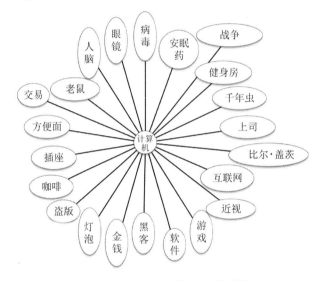

图5-2　一个概念的发散型思维训练

（三）核心能力的培养

以山东某职业院校为例，该校自2011年开始，进行教学模式改革，这种全新的教学模式，首先体现在前期调研的全面和细致上，主要体现为职业能力需求、职业能力目标、职业能力训练项目、职业活动训练素材、"教学做"一体化和形成性考核等六个要素；在教学整体设计和教学单元设计方面，要求紧贴工作过程，以工作情景为教学情境精心设计项目。强调在做中学、在做中教；在教学内容上，对现有教材进行大胆的改革，对一些内容进行删减和整合，更加讲求实效和面向实际；在考核方法上，对考试方法和评价机制进行了大胆的改革，与企业的用工标准实行了零距离对接。

五、基于能力指标的学生管理

高校内外环境的变化已为学生管理带来巨大挑战，且独生子女一代大量进入高校，为高校学生管理带来新的变化。加上人才培养指向的变化，学生管理指向也应有相应调整和变化。以基本能力、核心能力、创新创业能力为导向的学生管理，应该建立在符合学生基本代际特点、以人为本的基础上。

（一）以学生自主管理为基石

著名教育家斯宾塞说："记住你的管教目的应该是养成一个能够自治的人，而不是一个要别人来搭理的人。"自主管理，是指学生自觉、主动、积极地开发自己的潜能，规范自己的言行，调控与完善自己的心理活动的自我认识、自我评价、自我教育和自我控制的完整活动过程。但根据独生子女一代的代际特点来看，以学生自主管理为主并不是放任自流，而是要建立在学校正确引导的基础上。因此，高校第一年的管理与引导愈加显得重要。第一年为学生建立基本的自我管理框架，形成自我管理的习惯，在学校的管理、导师的引导、同窗的监督促进中形成良好的学习、生活习惯，形成自主专业追求，从少年成长为顶天立地的国家栋梁之材。

（二）以互助管理为连接纽带

师生、学生之间帮扶管理模式的建立团队是指为了共同的目标行动的一群人，而团队建设就是把松散的群体变成团队的过程。团队组建伊始，还不能称之为团队，只能算是一个群体或是一个小组，它离团队还有一段不小的距离。团队建设，重点任务是增加团队的内聚力，明确团队目标，凸显成员的优点和缺点，培养成员的团队精神，最终形成真正的团队。学生自主管理团队核心任务是实现学生的自主管理，队长便是其中的领导，他将很大程度上决定学生自主管理团队运行的成败。我们确定队长的原则是，必须关注学生的领导力，摒弃以成绩确定人选的做法，将在拓展活动中表现出的有责任感、组织能力强、善于沟通、具备领导力和影响力的学生推荐给团队，让其担任团队的首任队长。实践证明，这是非常正确的做法。"小团队"的建立及其互助管理，一是可以形成良好的你追我赶的学习及竞争氛围；二是可以监督和保证学生不掉队，防止个别学生脱离群体奋斗的大环境，堕入消极怠学、碌碌无为的深渊。因此，以导师来引领团队，以任务来凝聚团队，以制度来监督团队，以及以竞争来塑造和提升团队，是学生管理中的核心管理方式。

（三）校内校外管理相协调

校外管理是高校学生管理的难题。在校地合作、校校合作、校企合作以及国际交流合作的环境中，学生成为流动的个体和群体，在时间和空间上脱离学校学工部门的视野，成为游离在外的高校学子，大多数具有自主管理能力的学生能有责任心、有自制力完成自己的学业和工作，但部分突发性风险仍无法防范。因此，高校对校外学生的管理仍应该进一步加强，这种加强管理并非将学生管得更紧张更僵化，而是与校外合作企业、合作高校、合作组织等进一步加强沟通和联系，掌握学生的动向，做出针对性引导。此外，与校外的合作企业、组织、机构等加强深度合作，如为企业指导老师、引导人、学生管理者提供相应待遇，给予相关荣誉等，让企业有更高的积极性参与到高校人才的校外管理中来，解决校外管理放任自流、鞭长莫及等被动状态。

第三节　教学方式的分层化与模块化

一、教学方式分层化

（一）学生教学分层理念

所谓分层教育，即针对学生的个体差异，安排特殊的选课和排班制度，使每个学生都能得到最优发展的分层递进式的学校管理制度。它的特点是因时因地因人制宜，即可在适当的时间段、条件允许的地区、面对有需要的学生而开展。

教学分层，从某种意义上讲，也可以理解为"因材施教"，即针对学习的人的能力、性格、志趣等具体情况施行不同的教育，因材施教，是教育过程中必须遵循的基本法则，而不是一般的可供随便选择运用的教育技巧或方法，它对教育行为的影响和作用，是根本的，是普遍性的。

由于当前教育条件所限，班级授课制更易于被人们接受，因为它所引起的变动不多。最容易走的路正是那些一成不变的路，但这恰好也正是应该重塑它的原因。开拓分层教育的有效管理模式，给予每个学生最合适的教育，应成为每一个学校管理者义不容辞的责任。

每个人的起点都是不一样的，诸如家庭、环境、阅历等外在因素和性情、兴趣、爱好、修养等内在因素的混同构成使得每一个人的知识建构都处于不同的状态，所以如果我们用一种整齐划一的方式去从事教育教学，那结果就可想而知了。

1. 社会需求多样性

高等教育不能把学生培养成远离社会、脱离现实的人，而应该联系社会发展的实际，让学生熟练掌握岗位需要的操作技术和能力，成长为一个有健康体质、健全人格的优秀人才。随着社会经济的发展，特别是社会主义市场经济的逐步完善，市场不仅在资源配置方面发挥着基础性作用，经济结构的调整也直接影响着社会对人才结构的需求状况，进而影响到高校的教学、课程设置和人才培养模式。经济发展状况不同的地区，对人才的需求层次是不同的。随着经济的发展市场机制对高校教学理念、课程设置的调整和人才培养模式的指向标作用越来越明显，不少新兴的专业和领域都是因为市场的需求而应运而生的。因此人才培养和毕业生就业工作应当主动地去适应市场发展。麦麦思－本科生毕业半年后社会需求量较大的职业如表5-7所示。

表5-7 麦克思－本科生毕业半年后社会需求量较大的职业（前50位）

职业[①]名称	就业比例[②] / %	职业名称	就业比例 / %
会计	6.1	教育、职业和校园顾问	0.8
文职人员	4.7	金融服务销售商	0.8
行政秘书和行政助理	3.5	互联网开发师	0.8
计算机程序员	2.5	其他种类的人力资源、培训和劳资关系专职人员	0.8
出纳员	2.4	信贷面谈员和办事员	0.7
其他销售代表、服务商	1.7	计算机系统软件工程师	0.7
电子工程师（不包括计算机工程师）	1.4	电气工程师	0.7
人力资源助理	1.4	市场经理	0.7
翻译员	1.3	土木工程技术员	0.7
销售经理	1.2	管理分析人员	0.7
计算机软件应用工程师	1.2	图像设计师	0.7
编辑	1.2	其他工程师	0.7
销售代表(批发和制造业，不包括科技类产品)	1.2	销售代表（医疗用品）	0.7
初中教师，特殊和职校教育除外	1.1	市政行政办公人员	0.6
小学教师，特殊教育除外	1.1	销售工程师	0.6
审计员	1.1	机械工程技术员	0.6
客服代表	1.1	汽车机械技术员	0.6
个人理财顾问	1.0	建筑技术员	0.6

续表

职业①名称	就业比例②/ %	职业名称	就业比例 / %
采购员	1.0	其他工程技术员 （除绘图员）	0.6
高中教师，特殊教育和 职业教育除外	1.0	电子工程技术员	0.6
机械工程师	0.9	销售代表 （机械设备和零件）	0.5
柜员和租赁服务员	0.9	招聘专职人员	0.5
化学技术员	0.9	生产、计划及配送人员	0.5
办公室管理人员和行政 工作人员的初级主管	0.9	记者和通讯记者	0.5
新账户办事员	0.8	其他教师和讲员	0.5

①职业：根据《麦可思中国职业分类词典（2012 版）》，2011 届半年后调查覆盖了本科毕业生能够从事的职业为 605 个。

②就业比例：某职业就业比例 = 该职业就业应届大学毕业生人数/同学历、同届次就业的大学毕业生人数。

从以上职业的性质和对大学生的要求来看，要适应社会发展和职业要求，大学生必须具备相应的就业能力。近年来，欧美发达国家开始重视大学生就业能力的研究，美国劳工部、英国教育与就业部、加拿大会议委员会、澳大利亚教育研究委员会分别针对不同人群特点提出就业能力。他们普遍认为就业能力包括 5 个类别、16 项技能，如表 5-8 所示，并引导教育机构从社会需求出发，培养学生就业能力。

表 5-8　大学生就业能力结构表

类别	技能
基本技能	阅读、写作、学习
专业技能	专业基础知识、计算机应用、创新能力
适应能力	问题解决能力、执行力、自制力、抗挫折力
发展能力	勤奋诚实、责任感、职业规划
交往能力	人际交往能力、协调能力、团队合作能力

有学者认为，大学专业结构的变化明显滞后于社会需求的变化，大学的教学方式和课程设置无法对社会需求做出反应，大学知识方向分化严重，离开了原来的技术方向，使得知识几乎毫无用处，特别是 IT 行业技术更新换代快，其知识积累作用不大，这是一种不正常的现象。高校的教学、课程设置

与社会职业需求之间，应建立有效的联系与共变机制，推动那些没有社会需求、亦非精英教育的专业转型，让大学的人才培养与社会上的人才需求对应起来，切实提高大学生的综合能力，从而适应社会发展的需求。

2. 生源差异性

生源的差异性对教育教学效果的影响是显而易见的，高校的教育教学效果很大程度上体现为学生的知识结构、学识水平和综合能力。但是，在我国现行高等学校招生体制下，生源的差异性又不可避免地存在。由于区域的不同，高校生源在成绩、结构等方面都存在很大差异，下面以成都某高校生源情况为例，从生源地和录取成绩两方面进行分析。

（1）生源地引起的差异性

2014年成都某高校共招收各类新生 5 824 人，其中，本科生 4 717 人（包括专升本 211 人），专科生 1 009 人，五年一贯制三转二学生 98 人。为确保统计口径的一致性，本文的基础数据均不包含专升本、三转二高水平运动员以及单科优秀及专科补录。

我国现行的招生方式基本上都是实行全国统招统考，面向全国招生的院校，生源也就来自全国各地。不同生源地在经济、教育、文化、生活环境等方面存在差异，致使学生在交际能力、环境适应能力、学习能力、课外实践能力等方面必然存在一定差异。四川某高校省内外生源比例如图 5-3 所示。

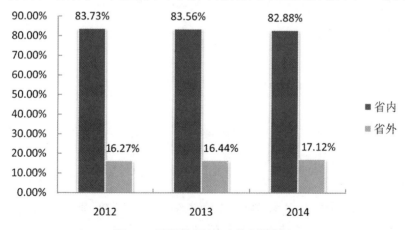

图 5-3 四川某高校省内外生源比例

从生源地来看，该高校省内生源比例在逐年下降，而省外生源的比例在逐年增加，这意味着来自不同省市的学生越来越多。由于各省市经济、文化、人口、教育等发展不均衡这一特殊国情的存在，导致生源之间存在必然的差异性，这些差异性直接体现在学生的各方面能力上。

此外，城市生源和农村生源也存在极大的差异。总体来看，两种生源的学生对大学教学方式的适应程度没有太大差异，但在课余时间的安排上，农村生源的学生投入学习的时间更多，很多学生习惯于中学阶段的死记硬背、题海式的学习方法，独立思考、灵活应用的能力相对欠缺。创造性思维能力、人际交往能力也与城市生源的学生差异较大。一些教育条件相对落后的地区，学生为了考上好的大学，往往要投入更多的时间去学习，投入自己的兴趣爱好等方面的时间就相对减少，这在一定程度上局限了自身的视野。而进入大学以后，只会学习考试的学生会发现学习成绩不低于自己且其他综合能力优于自己的同学比比皆是，难免会感到无所适从。

（2）录取成绩体现的差异性

录取分数的高低很大程度上代表生源质量的优劣，也直接体现了大学生在学习方面的差异性。

从图 5-9 可以看出，成都某高校 2014 级本科新生的入学总成绩主要集中在超省控线 30 ～ 39 分和 20 ～ 29 分这两个分数段，占了全部学生的 75.46%，高分段（超省控线 50 分以上）学生比例是 12.60%，超 20 分以下的学生比例是 0.99%。

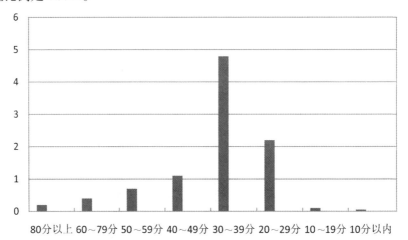

图 5-4　成都某高校 2014 级本科新生超省控分数线情况

本科新生不仅在总体成绩上存在差异，在一些重点科目上也存在差异，如英语科目。成都某高校 2014 级本科新生英语入学成绩分布情况如图 5-5 所示。

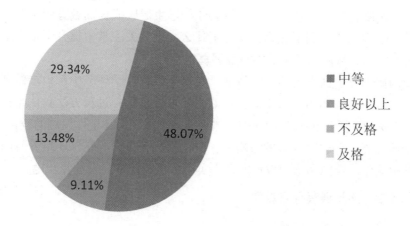

图 5-5　成都某高校 2014 级本科新生英语入学成绩分布情况

从成绩来看，超省控线 50 分以上的学生与超 20 分以下的学生，肯定存在着各方面综合能力的差异性，在入学后的教育教学环节中，应该充分考虑他们的学习能力差距较大，从而因材施教，进行分层教学。

（3）大学生学习能力的差异性

学生的学习能力的差异是客观存在的。有的学生领悟能力强，学习速度快，自主学习能力也非常强；有的学生反应较慢，思维能力、新知识的接受能力和自主学习能力都较弱。这种生源差异不仅体现在大学生入学时的既定差异，而且也表现在后续的学习过程中。

我国现阶段的高中教育仍以应试教育为主，高中生的学习基本上由学校、老师决定，学生很少有自主权。但是，学生到了大学，课余时间的增多，学校老师对他们的监督相应减少，各种丰富的教学资源也让学生有权自主决定选修课程和实践活动。在这种相对自由的学习环境下，学生学习能力的差异性更会进一步凸显。在一个几十名学生的班级里，每个学生学习能力的各个方面都不尽相同，面对这些学习能力参差不齐的学生，老师如果按照统一的教学模式教学，对学生的学习和发展都是不利的。当学习速度快、接受能力强的学生跟上老师的步调掌握了新知识时，反应较慢、学习能力较弱的学生或许还徘徊在理解最基本的原理概念。同时，自主学习能力强的学生上课积极认真，而学习自主性不那么强的学生上课则会表现出注意力不集中、学习态度不端正等现象。如果老师继续采用统一的教学模式，这一系列由于学生学习能力的差异性引起的问题，将会影响学生的长远发展。

在生源多元化的背景下，学校在未来发展中，需要更加注重自身的特色和多样化建设，也需要更加注重学生的实际获得，最终使每位学生都能健康成长、不断进步，个性发展。学校要建构学生健康成长的教育新生态，不仅要关注学生究竟学到了什么、学会了什么，更要关注学生提升了多少，掌握了哪些能力，从而为学生的终身发展奠定基础。

因此，要根据学生的个性特征，在每个教育教学环节中都力求做到分层设标，对学生的知识要求明朗化；能力要求外显化；过程方法具体化；思想感情渗透化。帮助他们补偿缺陷，体现面向全体、关注个性发展的教育理念。在全面提高社会教育水平的战略中，应让精英教育内容精深、培养时间长、人数少量化，技能和知识教育内容应实用、学制较短、人数普及化。

（二）实施课程分层教学

1. 课程分层教学的概况

20世纪初，分层教学最早出现于美国。当时，美国有大量的移民儿童涌入，为了教育这些背景各异的新生，教育官员认为有必要按能力和学习成绩对这些孩子进行分类（分层）。由于美国政府对精英人才和学术成就的重视，分层教学被逐渐引入学校教学，将班级进行分层已成为学校教育的一个主要特征。目前，美国的大部分学校都在实施分层教学，如"小班化"教学、"主体教育"、"赏识教育"相结合等，旨在积极发挥学生的学习自主性。

在国外，分层教学的形式多种多样，有基础班、提高班、强化班等，并形成了学生上课走班的选修制。但是，目前我国大多数高校仍是大班超负荷教学，如何借鉴国外的分层教学模式确实值得探讨。

20世纪80年代以来，我国引进了分层教学的概念，国内各省市都有高校进行分层教学的研究和实践，总结出了不少值得推广和借鉴的做法和经验。例如，深圳大学学生进校后，可以通过二次选拔实现分层次分类因材施教。深圳大学的大多数基础课程采用小班教学、精英化的培养模式，旨在培养拔尖创新创业人才，其高等研究院的理工创新实验班、医学部的临床医学班均实行高水平、小规模、研究型、国际化的培养模式。目前，我国的基础教育正在积极推进由"应试教育"向"素质教育"转轨，以促进学生的全面发展为宗旨，以提高学生的综合能力为目的，以因材施教为方法。课堂教学是实施素质教育的主阵地，分层教学是主要方法，通过为不同层次、不同特点的学生设立适合其学习能力的课程并施以适合的教育方法，开发他们的潜能，让不同的学生得到不同的发展。

2. 课程分层教学的分层实施

课程分层教学是教师根据同一课程上学生客观存在的差异性，因材施教，针对学生的不同层次能力设计相应的教学要求、内容和方法，促进不同层次的学生得到最优发展。

（1）学生分层

与传统的"一刀切"大课堂超负荷教学相比，课程分层教学根据学生的知识和能力水平，把学生分成不同的层次，确定不同的教学目标，运用适当的教学方法，促进每一层次的学生得到最好的发展。

最近几年，我国大多数高校已陆续实施课程分层教学，如公共必修课《大学英语》。高校根据大一新生的高考英语成绩或学生入校后的测试情况，结合学生的知识基础、学习能力、学习态度等，可以将学生大致分成二至三个层次：A／B两层或A／B／C三层。例如，A、B、C三层，A层次的学生基础扎实，学习能力强，学习自觉上进，成绩优秀，即所谓的优等生；B层次的学生知识基础、学习能力和学习积极性都一般，有一定的上进心，属于中等水平（中等生）；C层次的学生也叫后进生，知识基础薄弱、学习能力不强、学习积极性不高，成绩欠佳。由于学生学科能力的差异性，同一名学生在不同的课程上往往具有不同层次的学习能力，如某同学在《大学英语》和《微积分》两门课程上分属于A层次学生和C层次学生。因此，学生分层是根据大学各门课程选修学生的能力进行分层，然后根据学生发展的不同水平采用不同的课程设置、教学方法和评估标准，为每一位学生的发展创造适宜的条件。

（2）分层备课

分层备课是实施分层次教学的前提。在学生分层的基础上，根据教学大纲的要求和课程标准，结合各层次学生的实际情况，制定分层教学目标，选定不同的教材和辅导资料。根据不同层次的教学目标设计不同的教学内容，采用不同的课堂教学方法，筛选不同的训练内容，设置分层练习、作业等，以使各个层次的学生在每节课上都学习得充实。当然，对不同的教学内容应有不同的要求，对相同内容的层次要求也应随着学生知识、能力的增长而逐步提高。分层备课的目的是培养并提高A层次学生的综合能力、应用能力和创新能力等；提升B层次学生的学习积极性，使他们努力成为A层次学生；帮助C层次后进生维持学习兴趣，让其掌握好基本知识点、基础概念和基本的知识运用能力。

（3）分层授课

分层授课是根据不同层次的学生开展课堂教学，以"以人为本，因材施教，授人以渔"为目的，以小班施教为主要特点。老师上课时需根据每一层次学生的能力和水平，注重课堂教学的层次性，可以教学方式不拘，方法多样。对C层次的学生，分层授课的班级人数需严格控制，做到对C层次学生要求低，坡度小，放低起点，掌握必要的基础知识和基本技能，重点照顾学生的知识接受能力；对 B 层次学生要求其掌握基础知识，注重提升基本技能，根据 B 层次学生能力按教学大纲要求的进度实施授课；与 B 层次学生相比，A 层次学生的学习能力、知识接受能力更强，教师授课时则可以加快进度，注重启发性，及时点拨，充分发挥 A 层次学生的非智力因素作用，培养他们的独立学习能力及综合运用知识的能力。通过小班分层授课，每层次的学生能得到更好发展，只要努力，学生们都能享受到学习和进步的快乐。

（4）分层评价

分层评价是课程分层教学的一个重要环节，是对不同层次的学生适用不同的学习评价标准，能使学生分析学习中的进步和不足，清楚自己的学习状况，了解自己在多大程度上实现了学习目标。同时，分层评价能较好地满足各层次学生的学习需求和心理需求，既可以有效地提高每个层次学生的学习积极性和创造性，更可以较好地消除 C 层次学生的学习畏难情绪，提升学习兴趣。目前，学校对学生的评价方式还是以考试为主，但分层评价的方法可以多样化：一是采取 A、B、C 卷的方式，针对不同学习能力的学生适用不同难度的试卷，以卷面成绩记载评定，使 C 层次的学生在降低难度的试卷中取得及格甚至较好的成绩，以此提升其学习积极性；二是采用难度适中的试卷，以基础知识点为标注，增加几道有难度的开放题，满足 A 层次学生的评价需求；三是采用同一份试卷，对 C 层次学生删掉难度系数较高的题，增加基础题。学生的分层评价是以每层次学生在原有知识水平上进步的大小作为评价标准的，对各层次达标的学生给予表扬，让有进步的学生努力提升到更高一层次。通过分层评价，可以让所有的学生都保持良好的上进心态，增强自信心，获得学习和成功的喜悦。

学校教学要面向全体学生，分层递进，让学生主动积极参与学习，在探索中获取成功。课程分层教学应保护学生的潜力和兴趣，尊重其自主选择。学校可以通过实施课程分层教学提升教育的规模与水平，适应社会和经济发展的需求。

（三）实施教育分层管理

1.教育分层管理的背景

近几年，我国高等教育的规模迅速扩张，分层教育已经是多数高校普遍采用的做法。高校中普遍实行的分层教育包括课程分层教学（即对基础课程的分级教学）和教育分层管理（如针对拔尖人才培养的优秀实验班、针对学困生教育管理的"志强班"等）。

教育分层管理是按照在知识和素质等方面处于不同层次的学生进行有针对性的教育和管理，按照学生自我约束力、知识层次、学习能力及自身素质的不同，分别采取不同的教育与管理方法。例如，深圳大学就设立了各类特色的试验班，如数理金融试验班、投资科学国际接轨试验班、国学精英班、管理创业精英班、与中国科学院南海海洋研究所联合创办的海洋科学精英班等。这些试验班都坚持"以学生发展为本"的理念，各具特色，针对学生的能力特点而开设，体现出了教育的个性化。

2. 地方本科院校教育分层管理的模式

（1）国内高校精英学院人才培养（"试验班模式"）

自 1999 年根据国家政策，我国高等院校开始大规模扩招以来，高校的在校生人数急剧增长，高等教育的入学率也大幅增长，并于 2002 年实现了高等教育的大众化。然而，我国高等教育各种教学资源跟不上扩招的步伐，高等教育质量得不到保证，导致我国并不发达的精英教育受到了巨大的冲击。近年来，国内一些重点院校相继成立了以培养拔尖创新型精英人才为目标的精英学院。各精英学院名称及成立时间如表 5-9 所示。

表 5-9　国内各精英学院名称及成立时间

学校名称	精英学院名称	精英学院成立时间／年
北京大学	元培学院	2007
北京师范大学	励耘学院	2011
北京邮电大学	叶培大学院	2011
大连理工大学	创新实验学院	2007
复旦大学	复旦学院	2005
上海交通大学	致远学院	2010
南京大学	匡亚明学院	2006
东南大学	吴健雄学院	2004
江南大学	至善学院	2009
中国矿业大学	孙越崎学院	2008
浙江大学	竺可桢学院	2000
华中科技大学	启明学院	2008
中国地质大学（武汉）	李四光学院	2012
中南财经政法大学	文澜学院	2012
中南大学	升华荣誉学院	2008
中山大学	逸仙学院	2012
四川大学	吴玉章学院	2006

学校名称	精英学院名称	精英学院成立时间／年
北京航空航天大学	高等工程学院	2002
电子科技大学	英才实验学院	2009
重庆大学	弘深学院	2010
西南大学	含弘学院	2011
兰州大学	含弘学院	2010
西北工业大学	含弘学院	2002
中国科学技术大学	少年班学院	2008
哈尔滨工业大学	实验学院	1993

我国开设精英学院的高校都执行了严格的人才选拔程序，坚持宁缺毋滥的根本原则，严格控制精英学院的学生人数。这是一种优秀人才的特殊培养制度，可以统称为"试验班模式"，高校通过优选生源、加强基础、创新培养等方式，实现人才培养方向和管理手段的差异性运作，为优秀学生创造良好的健康成长环境。这一模式在不少高校中已经过长时间的广泛推广，充分表明了它所蕴含的科学性和生命力，而试验班学生的卓越表现也不断证明了这种模式存在的价值。

（2）国内高校本科生导师制

本科生导师制起源于 14 世纪英国的牛津大学，是一种国际通用的高等教育制度。这一教育制度不仅能适应高校对人才培养的要求，同时有利于学校优秀人才脱颖而出。中国的本科生导师制最早出现在浙江大学，由当时的竺可桢校长率先引入并在浙江大学推行。时至今日，我国的大部分高校均已实行本科生导师制。

本科生导师制主要是针对学生的个性差异（如学习能力差异），因材施教，旨在老师与学生之间建立起一种"引导学习"关系，让学生自入校以来在思想、学习与生活上能获得老师的帮助与指导。我国的本科生导师制主要有两种模式，一种是"普导制"，即为所有学生普遍配备导师；另一种是"优导制"，即学校为优秀学生配备导师，该模式主要是配合精英学院或试验班。随着高等教育的大众化和普及化，我国的本科生导师制体现了高等教育阶段精英教育的品质与价值，本科生导师不仅肩负学生的思想品德教育职责，还应关心学生综合素质的提高，注重学生的个性健康发展和科学人文精神的培养。

高等教育大众化阶段的质量观，也必定要从普及高等教育时期的整齐划一向多元化、多样化和特色化转变，因此实行大学内部的教育分层管理和分层教育，是整体提高高等教育教学质量的有效途径，也体现出社会对人才需求的多层次性。试验班模式和本科生导师制都严格遵循了因材施教培养学生的原则，体现了学校从受教育者的角度出发考虑问题，了解受教育者的需要和变化，尊重学生的主体地位，培养他们享受学习、享受实践、享受创造的感觉。教育分层管理就是在当前形势下为学生营造这样的环境，提供体制、机制、保障的有效形式。

二、课程设置模块化

长期以来，高等院校在课程设置方面呈现基础课、专业课各成体系的状态。随着社会的进步和经济的增长，各行业对人才提出了多样化的需求，因此更加需要科技和教育事业为社会各项事业的发展提供支撑，高等教育也进入了多样化、大众化的发展阶段，基础课、专业课各成体系的课程设置已经不能满足社会对人才的需求。对高校，尤其是应用型人才培养的本科高校来说，有针对性地进行课程体系改革，已经势在必行。为了使课程设置更加合理化、系统化，德国应用科学大学 2005 年就开始了通过模块化课程体系改革的方式针对培养应用型人才，即"将一个专业内单一的教学活动组合成不同的主题式教学单位（即模块）"，每个模块都制定各自的教学目标，有针对性地设置模块内课程，优化教学内容，明确课程的教学目标、教学内容、授课时数、授课形式及自学实践，各个教学模块之间层层递进、环环相扣。

所谓课程设置模块化，就是以课程教育和管理功能分析为基础，建立分层级的课程模块系统，分别将内在逻辑联系紧密、学习方式要求和教学目标相近的教学内容，整合成相对独立完整的课程模块，构建各学科课程模块库。学习者可以根据各专业人才培养要求和培养计划自行选择确定课程模块，组合形成个性化的课程体系。这样一来，学习者可以根据自己的需要和兴趣对教学模块内容进行选择，在每学完一个模块后就可以获得相应的知识、能力和技能，以实现个性化学习。

（一）模块化课程设置理念

课程设置主要包括两方面的内容：知识的传授与能力的培养。事实上，尽管不同的课程往往在这两方面有不同的侧重，然而从教育的最终目的着眼，能力的培养应该始终起主导作用。课程的知识体系不等于相应学科的知识体系，课程的能力目标指学习者通过本课程的学习所应获得的能力类型、性质和程度，是我们设计课程的知识体系以及整个教学体系的主要依据。显然，教学过程中学习者的能力获得主要是通过知识的接受来实现的，能力不可能离开一定的知识依托凭空地形成和发挥作用。因此，课程设计中不仅应明确这门课程的能力目标，而且要根据这一能力目标在相应学科的知识体系中进行取舍和组织以形成课程的知识体系。当然能力目标还需要借助于一定的教学原则和方法来实现，这些原则和方法同样应该贯彻在知识体系的编排方式和表达方式中。

基于能力指标的课程模块化是指每个模块的学习都要以掌握必要的能力为目的，主要以提升本专业的能力要求为目标。这种基于能力指标的"层次 + 模块"的课程设置理念正是以让学生获得能力为出发点，构建能提升学生知识获取、知识应用、交流沟通、适应环境、创新创业等各方面综合能力的课程体系。

"层次"化，即依据学生各阶段教学目标对学生能力要求的不同，由低到高设置课程体系。"模块"化，即为适应不同学生类型培养的需要，将实践课程整合成不同的功能培训模块。模块的设置可由各教学单位自主确定。"层次 + 模块"的课程设置，可以改变传统的课程设置状况，通过整合，形成"从基础、应用到创新"，由低到高相互衔接的系统体系。

大学课程模块化是依据专业培养计划的要求，将教学内容确定的知识、能力要求，按照一定的标准编排为合理的课程模块。传统学科模式主要分为文化基础课、专业理论课和专业实践课三类，按照目前课程设置模块化的新理念，一个专业的课程一般可以由三个模块组成，即通识基础课程模块（对应传统的文化基础课）、理论教学课程模块（传统的专业理论课）和实践教学课程模块（传统的专业实践课）。

（二）通识基础模块的构建

通识教育是指对所有大学生普遍进行的共同内容的教育，目的是要将受教育者作为一个具有主体性的完整的人施以全面教育，使受教育者在人格与学问、理智与情感、身与心各方面得到自由、和谐、全面的发展，并能够在自身和谐的基础上寻求与他人、社会和自然的和谐共存。通识教育首先关注的是将学生作为一个人来培养，其次才是将学生作为一个职业的人来培养。因此，大学要超越对通识教育理念的功利主义的理解，化解通识教育实践的现实困境，真正实现以学科科际整合和交融为导向的通识教育，还原和实践通识教育的本然意义，正确理解通识教育的理念。

1.课程设置

通识教育是"大学精神"课程的实现方式之一，通识课程为学生提供了一种共同的、综合的、非专业性、非功利性、非职业性、不直接为职业做准备的知识和态度的基础性课程。通识教育的目标是培养各方面综合能力全面发展的优秀人才，其课程的内容一般应该涵盖人文、社会、自然科学三大知识领域，包括语言、数学、文学艺术、历史文化、道德思考、科学技术等。同时，通识教育核心课程应该被定位为本科生教育的校级核心课程，是学生可以在一定程度上自主选择但必须完成一定学分的核心必修课，并逐步取代公共选修课。

目前，国内外很多高校都已经开展了通识教育，国内做得比较好的有北京大学、北京航空航天大学等高校，这些高校都是根据各自的学校特点和条件，开设的通识教育课程。观之国外，哈佛大学一直是通识教育的领跑者，他们的课程设置值得国内很多高校借鉴和学习。

2. 通识课程师资配备

普通民众甚至包括一部分高校教师，本身就对公选课和通识课这两个概念存在误解，认为两者没有什么区别。但我们必须认识到，通识课程与公选课程的不同是"质"的不同。公共选修课程是配合原来"以专业教育为主导"的本科教育模式的补充性课程。而通识课程是配合"以通识教育为基础的专业发展"的本科教育模式的基础性课程。

因此，对如何改进通识课程的师资配备最推荐的做法是吸纳一部分质量较好的公选课，在学校教务处、各学院等方面的支持下，建立课程筛选机制，并加以一定的经费支持，把这些课程纳入通识课程体系。同时，随着时间的推移，慢慢淘汰一部分意义不大的"选修课"。

3. 通识课程模式类型

通识课程模式类型是指通识教育课程的内容选择和组织。通识教育课程的三种主要模式分别是分布必修型、核心课程型和自由选修型。而我国高校在教学实践中普遍采用的是分布必修型和核心课程型。

分布必修型指对学生必须完成的学科领域以及在各领域内至少应完成的课程门数（或最低学分）做出规定的通识教育课程计划。分布必修课主要是针对自由选修课而提出的，避免学生因自由选择课程而导致所学知识过分专业化。分布必修下的通识教育课程一般被限定在几个知识领域之内，例如，杜克大学把通识教育必修领域划分为文学艺术、文明、外国语、自然科学、定量推理和社会科学六个领域；南加州大学把通识教育必修划分为自然科学、非西方文化、文学艺术三大领域。尽管各个学校对通识教育的内容划分不尽相同，但总体上都包括自然科学、社会科学、文学艺术、历史文化等领域的知识。

核心课程型是指一组专门为全校学生接受通识教育而设置的课程，它独立于专业课程，且为跨学科课程。而有些核心课程甚至还需要不同专业的老师相互合作来完成教学。核心课程型与分布必修型课程设置的不同点在于，分布必修课一般是按照学科设置的，而核心课程的设置主要着眼于培养学生有关方面的基本技能，跨学科的教学内容分量较大，教学内容主要在道德、文化、艺术等方面。核心课程提供的是关于自然、社会和人文的广泛知识，这样能使学生打破专业的束缚，以跨学科、文理综合的角度观察和认识世界。

自由选修型，顾名思义，就是学校对通识教育的内容、课程门数、学分等不做太多的具体规定，学生可以根据自己的意愿、兴趣等自由选择想要修习的通识课程。

教学内容和课程体系是学校教学的根本，是培养人才、提升人才质量的核心。各个学校应结合自身的实际情况，采用合适的通识课程模式，开设适量的高品质通识课程，从而提高通识课程的教学效果，使有限的通选课学分发挥真正的作用。

（三）理论教学课程体系的模块化构建

理论教学课程的主要内容是某一学科专业的公共基础理论与能力，主要任务是为学生本专业学习和未来的学习深造、职业发展打下牢固的基础，以提高学生的专业理论基础和学科综合能力为目标。换言之，理论教学课程主要涵盖了传统的专业理论课。

1. 理论教学课程的教学前提

传统的专业教育的内容涵盖面太窄，主要目标是培养学生毕业时能够实现单一专业对口就业。然而，随着知识经济社会的高速发展，许多人并不会终身从事某一固定的专业性工作。因此，当前社会对高校人才的需求已经转变为"大专业"和"复合型"人才，即学校应当是培养学生宽厚的从业基础能力。理论教学课程体系的模块化构建不仅能充分利用教育资源，提升教育的功效，而且有利于高校在国际化的背景下培养出能够"学以致用、全面发展"的高层次应用型人才。

2. 理论教学课程的教学模式

学校根据课程的能力要求制定各门课程的教学标准，围绕各个教学标准确定各个模块各个学习单元的教学提纲、教学内容、教学时数、教学方式和教学建议等。换言之，即理论教学课程的教学模式。教学模式主要涉及教法和学法两个方面。为了保证理论教学课程模块化的理念在课程实施过程中得到贯彻，建议教师在课堂上采用案例教学法、讨论式教学法等。同时，还应倡导老师引导学生进行研究性学习、探究学习、发现学习和合作学习，培养教学过程中的师生互动，彻底改变传统的以教师授课学生听课的教学模式。

　　理论教学课程教学模式的改进包括教学硬件条件和教学对象的提高。一方面，课程的硬件设施配置是完成教学目标的物质基础，多媒体设备等先进教学仪器的应用可以丰富教学模式；另一方面，教育对象应提高所具备的文化基础、个人素质等条件才可以有效促进教学模式的改进。

（四）实践教学课程体系的模块化构建

　　应用型本科教育院校以培养高级应用型人才为目标，强调以"能力本位"来组织教学，因此，应用型本科教育实践教学课程的构建，应实行"分层培养、层层递进、逐步提高"的模式，培养学生的综合运用能力、创新能力和解决问题的能力。

　　实践教学的内容是实践教学目标任务的具体化，将实践教学环节（实验、实习、实训、课程设计、毕业设计、创新制作、社会实践等）通过合理配置，构建虚拟技术应用能力培养为主体，按基本技能、专业技能和综合技术应用能力等层次，循序渐进地安排实践教学内容，将实践教学的目标和任务具体落实到各个实践教学中，让学生在实践教学中掌握必备的、完整的、系统的技能和技术。

　　1. 学科基础模块

　　实践教学是应用型本科人才培养计划中非常重要的教学环节，在实践教学课程体系的模块化构建中需打破课程界限，构建满足专业能力和综合素质培养要求的学科基础模块。学科基础模块是实践教学课程体系的第一层次，目的是让学生扎实专业基础理论，为实践教学奠定良好的学科基础。学科基础课程模块服务于专业技能模块和专业人才培养目标，学科基础模块的构建取决于对课程教学目标的深刻理解以及对课程知识体系和教学内容的总体把握。因此，构建科学合理的教学模块需正确处理基础教育与专业教育的关系。

　　2. 专业技能模块

　　专业技能模块是实践教学课程体系的第二层次。应用型本科教育的实践环节中最主要的是实习培训，这是由应用型本科教育人才培养目标、培养模式和实践教学目标决定的，同时也是学生专业技能的具体应用。实践教学围绕专业人才培养目标，以技术应用能力培养为中心，强调以实训和综合训练为主的职业技能训练、工程技术实践、高新技术应用和职业素质训导，培养适应生产、建设、管理、服务第一线的高等技术应用型人才。

　　应用型本科教育的实习实训模块，可以按照以下步骤进行：

　　（1）分析职业能力、确定实践教学目标

　　根据各专业的人才培养目标和人才培养的知识、能力、素质结构，确定实践教学目标，由此制订出符合本专业人才培养目标的实践教学计划，统筹安排学生在校期间的实践教学内容（包括各个实践教学环节）。

（2）划分能力模块、设计实训项目

根据所确定的实践教学目标，按专业大类将实践教学内容按能力层次划分为基本技能、专业技能和技术应用三大模块，这三大模块呈阶梯形。随后，根据这些模块的要求确定实训课程，并制定每一门实训课程的教学大纲，并根据课程或专业的要求将每一门课程的实训内容划分成若干个独立进行的基本训练单元，每个训练单元需对应一个实训项目。实训项目设计应注重模块化教学、组合型搭配和进阶式考核的要求，可根据课程的实际情况，分为基本技能训练项目、专业技能训练项目和技术应用或综合训练项目三大类，对不同类型、不同阶段的训练项目有不同的要求。基本技能训练项目和专业技能训练项目应强调规范，注重动手能力、严谨的工作作风和科学的工作方法的培养；技术应用或综合训练项目要求至少有一项成果输出，并强调突破低层次的、只限于感性认识和动作技能的模式，突出培养学生的技术应用能力和创新能力。

（3）制定实训项目教学文件

实训项目是根据课程或专业的要求，将实训内容划分成若干个可独立进行实训的基本训练单元。实践教学文件包括实践教学计划、实践教学课程大纲、指导书、教材和实训项目教学文件等。

实训项目教学文件有实训（验）项目单、报告和卡。

实训（验）项目单是指学生完成某一实训（验）项目的任务单，内容包括实训（验）目的、方法、步骤，要求达到的标准以及所需的仪器、设备、工具、材料等，学生据此可进行单独的学习和训练。

实训（验）项目报告是学生实训（验）项目完成后需交出的规范化报告，即教师对学生进行考核、能力测评（如分析、思考）的基本依据，并最终给出学生完成该项目实训（验）的考核成绩（评价）。

实训（验）项目卡主要用于教学管理、实训（验）室教学安排和指导教师实训指南，内容包括实训（验）目的、对象、地点、条件（场地、仪器设备）、耗材、经费、指导教师数以及指导要求和安全方面的要求。

（4）明确实训项目教学要求

实训项目教学必须在接近或达到职业活动环境氛围中进行，并要突出体现"高标准、严要求、强训练、重实训"的特点，注重理论联系实际，采用"教、学、做"的三明治教学方法，并把对学生的职业技能训练与职业素质训导有机地结合起来，既要训练学生的职业技能，又要注意结合教学内容对学生进行职业素质的培养，如团结协作、讲究效益、勤俭节约、注意安全等方面的培养，全面提高学生素质。

（5）完善实训项目考核标准和方法

强调严格按照实践教学课程教学大纲和实训项目单中规定的考核标准进行，注重过程考核和综合能力测评，以确保实践教学的质量。

3. 创新教育模块

实践教学课程的创新教育模块是为了培养和发展学生创新思维和创新技能，激发学生的创造活力，不断提升学生的创新能力。实践教学通过创新教育模块，可以将传统的教师"传道、授业、解惑"的教学过程转变为以学生为主体的探究获取知识和应用实践技能的过程。

（1）创新教育模块的培养目标

实践活动下的创新教育模块主要开展学生的科技创新技能、新产品研发技能、独立创业技能等的训练，重点培养学生的实践能力、创新能力、就业能力、创业能力。

（2）创新教育模块的设计原则

学校对教学实践创新教育模块的设计可以遵循"五个培养"的设计原则：第一，理论科学与科技创新能力的培养；第二，掌握扎实的理论基础与灵活运用知识的能力的培养；第三，独立创业能力与团队协作能力的培养；第四，综合素质与工程实践能力的培养；第五，发现问题与解决问题的能力的培养。

（3）创新教育模块的意义

创新教育模块是创新实践能力培养的一种有效途径，通过这一教学模块能够为学生提供一个学生创新实践的平台，学生可借助这个平台将所学的科学理论知识应用于实践环节，掌握科学创新的基本要素和创新思维方法。

通过实践教学创新教育模块化培养方案教育的学生，整体综合素质明显提高，分析问题、解决问题和创新研发的能力也均有显著提升。经过大量的实践锻炼能够积累丰富的实践经验，在大学毕业进入工作岗位之后能够迅速发挥作用。同时，具备扎实的学科基础、宽广的专业知识、较强的发现问题与解决问题的能力和综合优势，也能为未来在硕博研究生阶段开展研究工作奠定良好的基础。

第六章 计算机专业应用型人才培养方案制定

人才培养方案是地方本科院校人才培养规格的总体设计，是开展教育教学活动的重要依据。随着社会对人才需要的多元化，地方本科院校应培养何种类型与规格的学生，学生应该具备什么样的素质和能力，主要依赖于所制定的培养方案，并通过教师与学生的共同实践来完成，随着高等教育教学改革的不断深入，人才培养的方法、途径、过程都在悄然变化，各地方本科院校结合市场需求规格的变化，都在不断调整目标和培养方案。

第一节 课程体系构建

一、当前计算机专业课程体系现状

（一）过于重视核心内容

过于重视核心内容是当前地方院校计算机专业课程的一大问题。从目前的情况看，大部分地方本科院校的计算机专业课程体系在设计课程时，往往会设置一个核心学科，然后再将这门学科视为一个点来设置其他学科。不过在实际过程中，大部分课程是以社会发展为依据的，而过于重视核心学科则会让学生的思维变得愚钝，并且跟不上社会发展的步伐。所以，将计算机专业课程设置更新是必需的。

（二）课程设置比例不协调

部分地方本科院校在计算机专业课程的设置上存在很多问题，这些问题主要有以下几点：专业课与基础课的比例不协调。所谓的专业基础课，就是专业课程的根本，其作用是为专业课程打基础。不过从当前的情况看，专业基础课的设置分配比例很小，并且课时也很短，进而使学生在学习上与基础知识脱节，最终影响学习积极性。必修课与选修课之间的比例不相称。在计算机课程的设置上，必修课占的比例很大，并且种类很多，而选修课只有几节，且课时非常短。课程整体结构比例不协调。从调查分析中发现，计算机专业课程在设置上主要以理论知识为主，而实践却占很小的比例，进而影响学生的实践操作能力。

（三）课程目标不明确

大多数地方本科院校在计算机专业课程的教学中，始终没有明确的目标，这种情况就使得计算机专业的教学水平受到制约。教学目标不明确主要表现在以下两点：计算机专业的教材没有一个鲜明的编写目标，其编写主要分为两种，一种是大部分学校都在用的综合性教材，另一种是自主编写的部分教材；计算机教学缺少一个明确的教学目标，课程教材内容跟不上时代的步伐，最后使得学生各方面的能力无法满足社会对人才的需求。

二、计算机专业课程体系的构建原则

（一）能力培养原则

计算机专业课程囊括的内容广泛，所以应当根据学生的特点选择教学内容和知识点。在此过程中，不仅要让相关人员掌握软件的使用方法，还要让学生掌握各种操作软件的使用方法、基本的概念和方法等。除此之外，还要让学生在掌握各种技能的基础上学会延伸，掌握好新机型和新软件的使用方法，注意培养学生的自学能力。

（二）以市场为基准

课程是连接社会与学校的纽带，学校是面向社会和市场的，所以在设置课程方面必须按照社会和市场的要求来进行。要想在设置课程方面适应市场需要做到以下几点：适应社会的产业结构要求。在社会的不断发展，经济体制改革与经济增长的影响之下，第三产业成了社会经济的支撑点，也成了大学生就业的方向。所以，地方本科院校的计算机专业教育必须与经济的发展相联系，并根据这点设置课程，以适应企业对人才的需求为基准，以便让学生最终能为社会提供服务。企业单位是吸纳人才的地方，因此在设置课程时，应当考虑企业的要求。从当前的情况看，企业需要学生具备以下几种素质：一是有良好的职业道德、职业素养和心理素质；二是良好的职业适应能力；三是有基本的经营管理知识；四是有较强的交际能力；五是有岗位知识和岗位技能等。地方本科院校方面应当充分考虑企业的这些需求，设置与企业要求相契合的课程。

（三）课程的创新性

创新是发展的必要条件，没有创新就没有发展可言。为此，地方本科院校创建建立在课程的创新之上。从分析上看，传统课程结构最大的问题就是将学科作为了中心，进而背离了经济发展的要求。所以地方本科院校的计算机专业课程必须拥有创新性，并且符合社会与经济的发展。在课程的设置上，不仅要注重专业发展的连续性，更要注意社会对人才的需求，以及职业的需要。在此过程中，还需要将提高学生综合素质考虑在内，并处理好课程与教材之间的矛盾，以便让学生在将来能更好地适应社会的发展。

三、计算机专业课程体系的构建

专业的确定大体上是受已有或将要有的职业的影响和学科及其发展的影响，职业与学科是专业设置的依据，职业和学科都是通过课程或所学知识来影响专业的，不同课程间的组合体现了不同的专业。由此可见，课程或所学知识就是其体系的基本构成要素。计算机专业所开设的课程或所学的知识，便是计算机专业课程体系的基本构成要素，这些要素的排列组合便构成计算机专业课程体系。

（一）课程体系的设置

关于计算机专业核心课程的设置问题，大部分地方本科院校都有这样那样的问题，主要问题还是专业核心课程不明确，无章可循。这种问题的存在，使得企业方面无法知道计算机专业需要掌握什么样的内容。为了解决这方面问题，IEEE/MIM CC2004 的计划中明确了计算机专业的专业方向，其中有计算机科学、计算机工程、软件工程、信息工程和信息技术等。这份报告还提出了计算机科学知识体的相关概念，从而为核心课程的详细设置提供了基础。

从当前的相关本科教育期刊中看，很多人普遍赞同国外的发展趋势，并提出相关建议，建议实施"培养规格分类"，根据社会的需求为学生提供研究型、工程型和应用型教学计划与研究方案。该论述认为，只要学校在这三个方面中，有一个是有成就的，那么这所学校就是合格的学校。除此之外，教育部门还提出宽口径、厚基础的专业基础教育，以便培养出类型更多的人才。

所以关于计算机专业课程体系的构建围绕"模块与方向"进行，其包括公共平台、专业基础、专业课三大模块，在方向上主要是计算机网络、软件设计与开发等。课程设置四大系列，划分为基础理论、程序设计与算法、软件技术和网络技术，而后又根据这四大系列课程制定了相关的课程，如专业核心课、特色课基础课、专业实验课和独立实验课等。

（二）通识教育课程的建设

通识教育可以开阔学生的视野，并使学生的写作能力与表达能力得到提高。不仅如此，通识教育在教学生做人方面起着重要的作用。为此，高校方面应当为学生开设相关课程，如中国近代史纲要、高等语文等，囊括文学、美学、书法和音乐等人文素养类课程。在这些课程的学分设置中，应当不低于 10 学分。除此之外，还应当要求学生阅读国内外经典名著，让学生多多参加社团的文体活动，以便让学生的写作能力、口语能力和演讲能力得到提升。

学生通过这些课程，可以更清楚地认识到自己，并了解社会，从而学会思考人生，学会如何做一名好公民。关于学生这方面的培养，相关人员应当让学生在入学的第一年选修其中的一门课程，让人文学科与理工基础相结合，进而实现文理渗透的文化素质培养目标。

（三）教材建设

在计算机专业课程的体系建设中，教材建设是一项极其重要的内容。计算机科学与技术是一个比较新的领域，特点是其能很快与其他领域和学科相互融合。从计算机专业的课程教材看，高校方面应该根据地方的特色来选用教材。最近几年，国内很多的出版社引进一些比较新的教材，这类教材均是计算机界的精英编写的，为此十分受用。不过有一点不好的是，这类教材由于来自外国，所以与当前的计算机专业的实际情况不符合。所以，应当以计算机原版作为教学的参考资料，并组织教师重新编写教材，以便让教材满足学校专业课程的实际需要。

（四）实践教学环节

计算机专业的实际性很强，所以其实践教学是十分重要的。在培养学生实践能力方面，应当着重培养学生的应用能力、创新能力和工程素养。为此，学校方面应当根据多样化、综合性、创新性和分层性的原则来设置计算机专业的实践性教学体系。从设置上需要注重专业实践与课程设置的结合、加强对学生实践能力的培养、增加综合性课程，以便实现构建一体化实践教学体系的目的。

第二节　地方本科院校实践教学体系的构建

地方本科院校在新一轮本科教学工作水平评估过程中，都非常重视学生创新精神和实践能力的培养，狠抓实践教学环节，花大力气加强实践教学体系的构建，也取得了一定的成效。

一、认识实践教学的重要性

实践教学是指围绕教育教学活动而开展的一系列由学生亲身体验的实践

活动，它既包括知识、探索自然规律，掌握技术知识的科学实验生产实习等验证性实验，也包括为解决实际问题，提高创新能力而开展的研究性、探索性、设计性和综合性的实践，还包括以了解社会和国情、提高全面素质的社会实践。在信息化、全球经济一体化的社会里，培养学生的创新精神和实践能力已成为各国教育教学改革的主要目标。创新是国家、民族兴旺发达的力量源泉。而创新人才的培养离不开高校。地方本科院校在我国高等教育大众化进程中，担负着培养应用型创新人才的重任。因此，地方本科院校应构建以能力培养为核心的实践教学体系，以培养知识、能力和素质有机结合的高素质创新人才，提高人才在社会发展中的竞争力。

二、构建实践教学体系

所谓实践教学体系是指，从进入高校的第一年到最后一年的所有实践教学环节（包括教学实验、科研活动、生产劳动、专业实习、毕业论文、社会实践等）组成的与理论学习相联系又相互独立的教学体系。构建实践教学体系就是以人才培养目标为核心，把知识传授、能力培养和素质提高融为一体，将课程教学实验、专业实习、毕业论文（设计）、社会实践等实践教学环节组成一个贯穿学生学习全过程的、有明确教学目标和要求及考核标准的实践教学体系。

三、加强和完善实践教学体系建设

（一）减少必修课、强化素质课

针对信息技术迅猛发展的新形势，应改革教学内容，及时添加应用性课程，增加实践环节，选用优质教材，形成科学合理的比例结构。切实执行以通修课程、专业课程、素质课程、活动与实践课程为结构的教学体系。根据社会需求，将计算机硬件技术、软件技术、计算机网络技术、计算机数学媒体技术作为对学生进行技能培养的主要方向。

（二）引进科研成果和企业资源

充分利用学科建设优势，注重与科研基地相结合，利用教师的科研成果，不断更新实验和实训内容，将前沿的科学技术知识传授给学生，提升实验教学的水平。与 IT 企业进行合作，将企业的新技术引入实训基地，使学生在校期间就能够接触到当前 IT 发展的主流技术，缩短学校教学与工程实践的距离。同时，充分调动教师参加实验教学的积极性，促进可持续发展。

（三）实践教学师资队伍建设

为了培养应用型人才，学校要特别注重教师综合素质的提高和知识的更新。为此，不仅要选派教师到名牌大学和科研机构进修学习，提高其专业素质，而且要选派优秀的教师到企业中更新知识，学习企业的管理，了解企业对毕业生知识、能力、素质的确切要求，以便修改培养方案，建设合理的实践教学体系。要鼓励教师去跟踪当前最新技术，与企业合作搞项目。学校还可以聘请企业中的技术人员作为兼职教师来校进行学术交流，这样才能保证师资队伍的知识更新，适应计算机新技术的飞速发展要求。通过努力建成一支能保证完成实验教学、科学研究和技术开发任务、政治坚定、敬业爱岗、业务优良、数量适当、结构合理、相对稳定的实验教学师资队伍。

（四）抓好实践教学的评价、监控和考核

开展实践教学评价工作，可以有效地促进教学质量的提高，并为深化教学改革、优化培养过程提供依据。监控与考核是落实实践教学计划和评价其教学效果的重要保证，因此，要有考核实施细则和严格的监控措施，并将实践教学纳入学校教学质量检查的重点考评内容中。要改进实践教学的考核方法，对基础训练教程，主要对学生进行"三基"的训练，重点考核学生知识或技术掌控情况，采取平时实验成绩与期终考试成绩相结合、笔试和实际操作相结合的考核方式；对提高训练的课程属于专门项目的设计和实验，学生可以自选难度系数不同的实验项目，采取专题实验报告、现场测试验收等形式进行成绩考核；对综合训练层涉及的实验，采取以实验结果、实验报告和作品演示、答辩为主的考核方式，针对专门的实践课程，考核标准按照实验设计与技能、实验结果、实验报告各占一定百分比进行评定；对创新训练层次，采取能力综合量化的考核方式，主要针对参加开放实验和创新基地专门项目研发的学生进行考核，从理论知识学习、分析解决问题能力、科学研究方法、实际动手能力、论文撰写、取得的阶段成果、整体素质表现等方面按比例量化考核。另外，学校要与校外实习基地的企业之间建立稳定的产学合作关系，并制定相关的监控与考核制度，以切实保证这些企业中实习的学生的实习质量。

第三节　创新性应用型人才创新素质培养的探索与实践

创造发明是指首创前所未有的新事物，而创新则还包括将已有的东西予以重新组合、引入产生新的效益。江泽民曾指出：创新是民族进步的灵魂，是国家兴旺发达不竭的动力。教育问题必须围绕这个重大的问题进行思考。

一、创新教育的概念

所谓创新教育就是使整个教育过程被赋予人类创新活动的特征，并以此为教育基础，达到培养创新人才和实现人的全面发展为目的的教育。创新教育不仅是方法的改革或教育内容的增减，还是教育功能的重新定位，是带有全局性、结构性的教育革新和教育发展的价值追求，是新的时代背景下教育发展的方向。

实施创新教育就是要从培养创新精神入手，以提高创新能力为核心，带动学生整体素质的自主构建和协调发展。创新精神，主要包括有好奇心、探究兴趣、求知欲，对新异事物的敏感，对真知的执着追求，对发现、发明、革新、开拓、进取的百折不挠的精神，这是一个人创新的灵魂与动力。创新能力，主要包括创造思维能力，创造想象能力，创造性的计划、组织与实施某种活动的能力。

具有创新意识的人常常是不满足于现实，有强烈的批判态度；不满足于自己，有持续的超越精神；不满足于过往，有积极的反思能力；不满足于成绩，有旺盛的进取精神；善于谋变，有探索求真精神；敢于挑战，有竞争合作的精神、强烈的好奇心、旺盛的求知欲等。

具有创新思维的人常常感受敏锐，思维灵活，能发现常人视而不见的问题并能多角度地考虑解决办法；理解深刻，认识新颖，能洞察事物本质并能进行开创性的思考；思维辩证，实事求是，能合理运用发散与集合，逻辑与直觉、正向与逆向等思维方式。

具有创新活动能力的人常常实践活动经历丰富或人生经历坎坷，经受过大量实践问题的考验；乐于动手设计与制作，有把想法或理论变成现实的强烈愿望；不受现成的框框束缚，不断尝试错误、不断反思、不断纠正；愿意参加形式多样的活动，乐于求新、求奇，乐于创造新鲜事物等。

二、创新性应用型人才培养的要求

创新性应用型人才培养模式，是指在新的教育思想和新的教育理论指导下以培养具有创新能力的全面发展复合型人才为基本取向的教育教学内容和方法体系的总称。而应用型本科的培养目标是培养成熟的技术和理论应用到实际的生产、生活中的技能型人才，这种应用型人才必须具备一定创新精神和创新能力。

按照人才培养模式的内涵，创新性应用型人才在培养目标、课程体系、教学模式、实践性教学、教学方法、培育条件等方面都要有特殊的要求。创新性应用型人才培养模式至少要明确以下两个基本问题：

一是人才培养的根本目标是培养创新性应用型人才。所谓创新人才，从社会意义上来讲，是指富于开拓性，具有创造能力，能开创新局面，对社会发展做出创造性贡献的人才。

创新性应用型人才一般应具备以下基本素质：①宽厚的文化积淀和人文精神；②健康的心理，强健的体魄；③富于探索精神和探究能力，旺盛的求知欲，强烈的好奇心；④清晰的思维，很强的判断力和敏捷性；⑤丰富多样的实践经验和团队合作意识；⑥扎实的科技创新和解决实际问题的能力。

二是创新性应用型人才培养模式是一个体系。创新性应用型人才培养是在一定的教学组织与管理下实施的，包括培养目标、专业结构、课程体系、教学模式、教学方法、教学环境等。创新性应用型人才的培养应该是从教师到学生、从观念到制度、从软件环境到硬件条件进行全方位、多角度的综合建设。

三、当前创新性应用型人才培养存在的问题

（一）课程体系设计不合理

高等教育人才培养应当以素质培养为中心，素质培养要以创新精神和实践能力为核心。与此相适应，理论课程体系要科学完整，实践课程体系要全面系统，但是，我国传统教育模式历来就是以知识传授为最高目标，而不注重获取知识能力的培养，课程体系设计忽视选修课的地位和实践环节，忽视创新思维培养和创新能力开发的状况很明显。

（二）学生缺乏个性和独特性

创新是"我思"的过程，也是"我思"的结果。"我思"就是自我对环境的所予进行新的组合，从而使主体的个性和独特性在对象上得以显现。所以创新是个体主动追求的结果。但是，目前教学目标的违规性严格限定了课堂教学目标，钳制了课堂教学丰富的动态生成性。例如，注重知识的积淀，忽视对探索的渴望；注重知识的记忆与理解，忽视质疑与批判；注重学会成果，忽视会学的收获、乐学的体验。这种学习内容的强制性、认知活动的受动性、思维过程的依赖性、课堂交流的单向性使学生缺失了应有的学习过程，即存疑、选择、批判、探索、想象和创造。

（三）高校缺乏有个性的管理

高校的个性就是指高校的自主性、能动性和创造性，它是一所高校区别

于另一所高校的精神品格。这里的高校个性实际上包含了两个方面的含义：一是高校在办学过程中所体现出的自身的个性；二是高校培养的学生所体现出的个性。就中国高等教育而言，由于以往集中过多的体制影响，常常是共性有余，个性不足。受此影响，高校在人才培养方面同样存在着模式化倾向，具体表现是高校过分追求统一：统一的教学大纲、统一的学制、统一的课程安排和修习程序、统一的学习评定方式。这种缺乏特色的办学模式和人才培养方式，十分不利于创新人才的成长。近年来，我国高等教育虽然在多样化和个性化方面有所进展，但也出现了分类不清、定位不明，精英学校拼命搞大众化教育，大众化高等教育机构拼命往研究型、综合性的路上挤的一些新问题。

四、创新性应用型人才培养模式的实践

创新教育的过程，不是受教育者消极被动的被塑造的过程，而是充分发挥其主体性、主动性，使教学过程成为受教育者不断认识、追求探索和完善自身的过程，亦即培养受教育者独立学习、大胆探索、勇于创新能力的过程。因此，在教学过程中要致力于培养学生的创新意识、创新能力及实践能力。在教学方法上也要改变传统的注入式为启发式、讨论式、探究式，学生通过独立思考，处理所获得的信息，使新旧知识融会贯通，建构新的知识体系，只有这样才能使学生养成良好的学习习惯，从中获得成功的喜悦，满足心理上的需求，体现自我价值，从而进一步激发他们内在的学习动机，增加创新意识。

（一）教育观念的创新

在高等教育改革过程中，教育思想和教育观念的转变尤为重要。以提高创新素质，塑造创新品格，培养创新人才为目的的创新教育呼唤创新性的教育理念。为了树立创新精神、倡导创新理念，近几年来，各地方院校通过各种教学活动使广大师生充分认识了创新的价值，提高了大家对培养创新人才重要性的认识。同时，明确了各专业的办学定位和特色发展方向，以便培养高素质、具有创新精神和较强实践能力的应用型人才。

（二）课程体系的创新

采取模块化设计的思路，课程体系由通用基础模块、专业技术基础模块、专业模块、课外选修模块、专业方向模块五个模块构成，五大模块结合紧密、衔接合理，浑然一体。课程体系突出提升能力的 T 型知识结构同时强调横向的"厚基础和宽知识域"，纵向的"强能力与深专业力"，素质培养课程和

创新能力培养课程得到重视。高度重视实践教学课程体系的完整性，人才培养方案设置了课内实验、课程论文、课程设计、软件模拟操作、ERP模拟实训、创业计划实训等实践教学环节以突出培养学生的实际应用能力和创新能力。

（三）课程模式的创新

人才培养目标的实现，在很大程度上依赖于教学模式的运作质量。为体现培养创新性应用型人才培养的目标，人们不断探索、总结了计算机专业"一式一化"的现代教学模式。一式指开放式教学模式，即广泛开展"请进来，走出去"的开放教学模式，加强校企合作，与企业建立长期稳定的合作关系，实现产学研一体化，突出实践教学特色；一化指模拟化的实践教学模式，即将计算机模拟软件、模拟情景、角色扮演用于实训环节中，对学生进行综合训练，培养学生分析问题、解决问题的能力及创新能力。

为倡导学生的创新精神、培养学生的创新意识，各地方院校应积极聘请企业家和高级管理人员来校进行专业及学术讲座。广泛开展校企合作，通过组织学生到企业认识实习、毕业实习、顶岗实习等方式，将企业作为学生实践的主要场所，提升学生实际工作能力和创新能力。同时，积极开设企业模拟经营、创业计划等实训课程，经常组织、指导学生参加校级、省级以上竞赛。

（四）实践教学的创新

实践性教学具有多重的含义：其一，只有通过实践、创新的思想才能转化为现实；其二，只有通过不断地实践，人的创新意识和能力才能得到培养；其三，实践为人们的创新提供必要的问题情境，因为任何一种有意识、有目的的行为，都发生于一定的环境之中，都是针对特定的问题。实践性教学是培养学生创新能力和创新精神的关键性环节。

（五）教学方法的创新

教学方法是体现创新性应用型人才培养目标的重要途径。为体现创新性应用型人才培养特色，人们应积极探索出一些创新性的教学方法，以激发学生的创造性思维，培育学生的创新精神。例如，鼓励学生塑造出一种富有怀疑精神、求实精神、自信心、好奇心、勤奋刻苦和坚忍不拔的品格；鼓励学生推陈出新，敢于提出自己的观点。要求学生对所讲问题不能只讲定论或自认为正确的观点，还要讲该问题上的各种不同观点，尤其是最新学术观点，通过不同观点的比较、鉴别，开启心智，激发创造力。

（六）师资团队的创新

要树立大学生勇于创新的意识，培养他们不断进取创新的能力，其前提是教师自己必须要有强烈的创新观念和实施创新教育的才能，这是实施创新教育的基本条件。所谓创新性应用型教师的高素质应该包括以下几个方面：

①崇高的素质教育观念。教育观念是我们对教育的社会性、职能、目的和方法等方面问题的理解和看法总和，它直接影响教师的教学行为。

②较完整的科学知识和人文知识等构成的知识体系，这是高校教育工作者从事教育的内能储备，也是评价其是否够格的主要条件。

③广泛的相关技能。做一个优秀的高校教师在必须具有良好的教学组织能力和科研实践以及发现创新技能的同时，还要有很高的处事应变、对外交流和信息处理能力。

第四节　创新性应用型人才培养的质量保障与监控

一、地方本科院校实践教学质量监控的现状

地方本科院校教学改革中，对实践教学改革的呼声一直是改革的重点。但是在传统教学模式下，教育主管部门重视理论教学，而忽视实践教学，这和目前的应试教育息息相关。对实践教学的重视不够，更导致了实践教学质量监控缺乏有效的管理。

计算机专业是一门实践性要求很强的学科，加强计算机专业实践教学的建设尤为重要。在加强实践教学的同时，要加强实践教学质量的监控。针对研究计算机专业实践教学质量监控中存在的问题，提出有效的解决方案，达到有效提高实践教学质量监控的效果。

二、计算机专业实践教学质量监控体系存在的问题

计算机专业实践教学质量监控体系应解决监控机构、监控内容、监控标准等几个方面存在的关键性问题。

（一）监控机构不完善

计算机专业实践教学要根据专业自身特点，成立对整个实践教学各环节全覆盖的监控体系。目前的监控体系是单纯的教学管理部门来监控实践教学各环节，很多管理人员不了解实践教学各环节，无法进行实践教学质量监控。在监控体系中引入专业学生和社会进行监控与评价，社会专家、毕业生、在校学生组成的外围信息反馈与评价机构，由市场来决定学生实践教学的教学目标、教学内容、教学质量。这样才能根据需求提高学生的专业实践能力。

（二）监控内容不具体

要在监控时明确监控内容，丰富监控的手段和方法。根据监控机构制定监控内容，对实践教学各环节制定监控点，各部门各行其责，对实践教学进行全方位的监控。

（三）监控标准不规范

根据专业特色，制定相应的监控标准和体系，如"实验教学工作质量评价体系""实习教学基地评估指标体系及等级标准""实习教学工作质量评价体系""毕业设计成绩评定标准和办法"等指标体系，并根据相关政策制定相应的评价标准。

三、计算机专业实践教学质量监控体系的构建

通过借鉴教育学、社会学等学科的研究方法，利用信息论、系统论和控制论的方法和手段，对计算机专业实践教学各个环节进行监控评价，在制定的实践教学管理监控体系中通过文献分析、比较分析、问卷调查等方法收集数据进行定量和定性分析。构建计算机专业实践教学管理监控机构，明确监控内容，丰富监控手段，加强实践教学的全过程监控和目标监控。

（一）明确实践教学质量监控机构的责任

计算机专业实践教学质量监控机构要根据专业特色和实践教学模式的不同，制定出各实践教学的监控体系。监控体系还需要引入学生及社会的监控和评价，提高监控效果。社会需求能直接检验实践教学质量，学生满意与否是检验实践教学成败的标准。教务管理部门要以教学督导和学生信息监督来监控实践教学各环节，由二级学院成立监控实践教学具体环节的监控部门，由社会专家来负责实践考核部门监督。各部门协同监控和管理各实践教学环节。

（二）制定相应的监控内容细节

根据专业特色和实践教学模式，制定相应的监控内容细节，实践教学质量监控包括对实践教学大纲、教学内容和教学方法等，在各环节设置监控点，采用集中检查、师生座谈、问卷调查、专项考核等方法来监控实践教学质量。

1. 实践教学运行新体系的全过程质量监控

全过程质量监控是对实践教学质量进行全方位的监控管理。图 6-1 是全过程质量监控详细设计图，全程监控应尽量细化，通过专项检查和考核等方法进行实践教学监控，未达到实践目标的，将督促其完成实践内容。

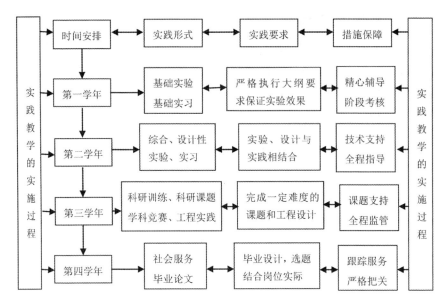

图 6-1 计算机专业实践教学的全过程质量监控图

计算机学院要负责制定学生实践教学内容，提高学生在实践过程中的动手创新能力。为保证计算机专业毕业设计的质量，严把选题关，教务处和计算机学院对毕业设计进行全过程监控，从选题、中期检查到论文的撰写各个环节进行全方位监控、让实践内容规范化、程序化，保证各环节都在全面的监控之中。

"三位一体"的本科人才培养方案，为学生提供全方位的个性化学习和素质拓展的环境。组织学生积极参与学科竞赛和课外科技创新活动，如举办大学生程序设计竞赛、网页设计作品大赛等。为提高学生的创新能力打下坚实的基础。

2. 实践教学运行新体系的目标监控

对实践教学各环节提出相应的目标体系，以计算机专业实践教学质量评价系统为核心，定期对实践教学进行质量检查，不断总结经验教训，逐步构建一套适合计算机专业发展的实践教学质量目标监控体系。

由经验丰富的教授和专家组成实践教学督导组，来加强和完善实践教学督导监控。教学督导组在实践教学目标制定到各实践环节中参与监控和管理，对实践教学中存在的问题，提出改善性的建议，督促实践教学部门提高实践教学质量。

加强实践教学各环节的监控，用制度来确保实践教学各环节的顺利实施。利用现代网络技术，加强网络化的应用型地方本科院校综合实践教学管理平台建设，如图 6-2 所示，通过不断优化现有的网络课堂与实践教学管理软件，加强与"实践教学管理系统"的衔接，建立一套网络化综合实践教学管理平台。通过网络平台，实现各实践环节的顺利实施。同时建立起全过程化的实践教学质量监控体系，确保各实践环节进行全面的管理和监控。

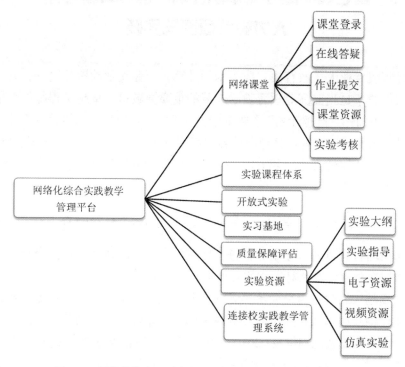

图 6-2　网络化的应用型地方本科院校综合实践教学管理平台

（三）实践教学质量监控评价体系的建立

计算机专业实践教学质量监控评价体系的建立以日常监控为基础，在各实践环节进行管理和监控。计算机专业学生在掌握基本专业技能的基础上，还要提高学生的创新动手能力。根据计算机专业特色，制定好实验教学大纲和各实验教材，同时要制定好实践教学管理章程。建立有效的反馈机制，对实践教学环节出现的问题及时纠正，提高学生的实践动手能力和创新能力。

第七章　基于"卓越计划"的计算机专业人才模式研究与实践

计算机专业人才教育模式成为制约计算机产业发展的瓶颈之一，人才培养模式的改革是当前高等教育教学改革的重要突破口。卓越工程师教育培养计划（以下简称"卓越计划"）侧重于创新型、工程应用型高级技术人才的培养，其定位是以社会需求为导向培养应用型卓越工程师，优化"知识、能力、素质"三位一体的人才培养方案，探索适合自身情况的高素质工程型本科人才培养模式。

第一节　基于"卓越计划"的人才培养概述

每所高校肩负的人才培养任务、定位与办学思路，都会根据自身所处的地域、层次和社会发展对人才的需求来确定。

"卓越计划"是为贯彻落实党的十七大提出的走中国特色新型工业化道路、建设创新型国家、建设人力资源强国等战略部署，贯彻落实《国家中长期教育改革和发展规划纲要（2010—2020 年）》实施的高等教育重大计划。"卓越计划"对高等教育面向社会需求培养人才，调整人才培养结构，提高人才培养质量，推动教育计划改革，增强毕业生就业能力具有十分重要的示范和引导作用。

"卓越计划"以邓小平理论和"三个代表"重要思想为指导，深入贯彻落实科学发展观，全面贯彻党的教育方针。全面落实加快转变经济发展方式，推动产业结构优化升级和优化教育结构，提高高等教育质量等战略举措。

贯彻落实《国家中长期教育改革和发展规划纲要（2010—2020 年）》的精神，树立全面发展和多样化的人才观念，树立主动服务国家战略要求、主动服务行业企业需求的观念。改革和创新工程教育人才培养模式，创立高校与行业企业联合培养人才的新机制，着力提高学生服务国家和人民的社会责任感、勇于探索的创新精神和善于解决问题的实践能力。

在教学计划中突出现有专业优势和专业特色的基础上，以工程教育为主线，将应用型工程师必备的技术、职业、团队、综合工程和工程创新能力，通过工程能力培养实现矩阵导入课程体系，主要实践教学环节在企业工程实践基地完成。通过毕业设计双导师制和考核方式改革等措施,在国家与学校配套政策的大力支持下,通过变革教学理念、变革人才培养标准和变革师资队伍建设,面向国家战略需求、企业人才需求、产业结构调整和经济社会发展,学校与计算机相关企业联合培养计算机应用型工程师专门人才。

第二节 基于"卓越计划"的人才培养方案

一、"卓越计划"的总体培养目标

"卓越计划"将依据社会需求、学校定位、学科特点、专业特色,制定出合适的总体培养目标。根据专业总体培养目标,从社会、企业、校友和在校师生等各方面进行广泛深入调研,制定出具体的知识、能力和态度学习效果目标,形成一套切实可行且针对性强的专业教学知识体系。依据专业学习效果目标集合,制定合理的课程与实践环节结构,制定每门课程或环节的课程大纲,并明确各课程与实践环节对专业学习效果目标的贡献,形成整体教学目标达成的结果。积极采用并探寻符合教学规律、符合人才成长规律的教与学的新方法,一体化实现教学大纲所规定的培养目标。管理、检查、评估整个培养计划的实施过程、软硬件条件和最终的学习效果,并将工程师培养共同体各方的意见反馈到学校,促进学校对培养方案进行持续改进。

二、计算机专业实验班培养方式

在计算机专业和少数其他专业中选拔具有浓厚的工程实践兴趣、较强的自主学习能力和主动实践基础的学生组建卓越实验班。高中和大学阶段参加过省级及以上教育行政部门举办或认可的各类学科竞赛,并获得竞赛奖项和拥有发明专利者可优先考虑,选拔时间、选拔流程、选拔标准等由学院确定并组织实施。实验班实行开放式小学,建立优补与退出的竞争机制,采用"3+1"的实验班培养方式。

三、计算机专业人才培养方案

(一)"卓越计划"培养目标

计算机专业"卓越计划"的标准目标是通过大学四年的理论和实践教育,培养具有知识结构能适应社会、满足社会需求;系统掌握理工科基础知识;系统掌握本学科的基础知识;具有良好的自学能力;具有坚韧的钻研精神和不断追求创新的意识;具有较强的团队合作能力;具有很强的工作实践能力。

（二）"卓越计划"教学计划

按照"卓越计划"培养目标、标准和教学大纲等方面的要求，实施建设一体化课程体系，形成一个由相互支持的专业课程知识、工程实践能力训练和个人科学与工程素质培养为一体的方案所设计出的教学计划。教学计划将整合多学科知识的方法，将各项具体能力的培养落实到组成教学大纲的具体课程和工程实践中。

本专业将以计算机专业的一体化课程体系建设为重点，设计出具有本专业特色的教学计划，开设的主要课程分为以下五大模块：通识核心课程模块、素质拓展课程模块、学科基础课程模块、专业核心课程模块、专业拓展课程模块。课程设置采用"3+1"模式，其中前3年主要在校内进行理论课和校内实践课程教学，第4年主要在企业进行系统的工程实践能力训练和毕业设计。

四、企业培养方案

企业培养方案分阶段有序进行，具体如下：

（一）校企认知阶段

邀请企业专家来校讲解和派送学生走进企业，使学生了解企业环境，体验企业文化，同时进一步增加专业认可度。具体安排在第一、第二学年，这一阶段可结合企业项目完成实践学习中的综合设计内容，如课程设计、综合项目实训，提高学生的理论应用和基础实践能力。

（二）企业实战阶段

企业实战阶段是最核心的阶段。根据企业项目需求面对所有学生分团队、分批次进入企业，让其参与实际项目研发，培养学生适应企业需求的能力，进一步提高学生实际解决问题的能力和团队合作精神。该阶段具体安排在第三、第四学年，可根据培养方案中实践内容完成如生产实习等环节的内容。

（三）校企收官阶段

校企收官阶段主要结合企业的实际项目和实际应用，让学生综合运用所学知识和技术，独立完成具有行业背景和应用价值的毕业论文，提升解决项目实际问题的能力。

（四）校企总结阶段

由企业方至少派出一名老师和学校教师组成答辩团队，企业方依据学生平时的表现给出企业的评估报告,并要求学生撰写一个在企业整个培养阶段的系统总结报告与毕业论文进行答辩,双方一起总结报告与毕业论文给出综合的成绩。

五、校内实习阶段质量保障

(一)建立科学的理论与实践教学课程体系

加强计算机工程理论知识学习,强化相关实践能力。加强软件综合、硬件综合、专业实验设计等综合性实践科学教学。开设学生自主学习课程,培养和锻炼学生的思维创新能力、动手能力和团体协作能力。

(二)实行导师指导制度

由具有丰富工程实践能力的教师,承担多名学生的专业学习指导工作,监督学生的理论和实践学习情况,掌握学生的学习情况,并作为学生考核的依据。

(三)建立符合卓越班教学要求的教学环境

利用学校计算机教学实验室和设备的基础,购买先进的硬件设备和软件,完善实验环境。从政策上对卓越班学生开放专业实验室,以保障本专业卓越班学生能够系统并深入掌握专业的工程知识。

(四)培养具有工程实践能力的师资队伍

卓越工程师的培养离不开高素质的工程技术型师资。学校定期派教师到国内外知名企业进行工程实训学习或交流,锻炼教师的工程实践能力,带回企业先进的工程管理模式;鼓励教师积极参与校企合作环节的相关教学和科研工作,促进教学、工程实践与科研的有机结合。采用客座教师的方式,聘请国内外本行业知名企业的工程技术和管理人员参与工程理论和实践教材的编写,并为学生授课,拓宽学生工程视野。

(五)卓越班实行具有淘汰机制的管理措施

卓越班学生在学习期间,采用具有淘汰机制的动态管理模式,对没有达到规定要求的学生进行淘汰,同时在普通班中学习达到要求的学生可以申请进入卓越班学习。

六、企业学习阶段质量保障

①校企签订了软件工程专业"卓越软件工程师人才培养基地"的协议,

为卓越软件工程师人才培养提供了基地保障。

②严格制定企业学习阶段的教学大纲，根据培养目标由学校和企业共同制定教学大纲，大纲要明确围绕培养目标的具体内容、措施及量化指标。

③制定企业学习的质量评判体系，对企业学习质量定期检查，并给出质量评判结果。

④企业为学生配备企业导师，安排有实际经验的工程师讲解生产过程中的各种设计方法及步骤。

⑤毕业设计实行双导师制，共同协商毕业设计题目。双导师对毕业设计重要环节把关，包括毕业设计题目、毕业设计开题报告、总体设计、毕业设计说明书、毕业答辩等。

第三节　基于"卓越计划"的实践教学体系

"卓越计划"是我国高等教育领域的重大改革，也是促进我国由工程教育大国迈向工程教育强国的重大举措，它对促进高等教育面向社会需求培养人才，全面提高工程教育人才培养质量具有十分重要的示范和引导作用。"卓越计划"提出"分类实施、形式多样、追求卓越"的理念，要求各高校在具有特色的专业领域，采取各种教学方式，在不同类型工程人才培养上追求卓越。在当前信息技术快速发展的背景下，如何培养能够适应行业发展需要的专业人才是当前高校计算机专业人才培养面临的一个重要问题。

机械制造行业中的三维辅助设计、分析技术与产品生命周期管理应用技术是机械制造企业信息化技术应用的基础，也是面向智能制造发展的核心技术，企业发展迫切需要这方面的技术人才。由于高校内机械工程学科与计算机学科发展的独立性，特别是人才培养受各自专业人才培养方案的限制，难以整合两个学科的专业知识，使培养的学生不能完全满足制造业信息化的发展需求。

制造业信息化专业面向制造业，培养熟悉产品设计制造知识、掌握软件开发技术、具备西门子工业软件 NX 和 Teamcenter 应用及定制能力的工程师。制造业信息化专业积极与西门子工业软件开展产学研合作，包括专业人才培养方案的制定、教学团队的建设、预就业实习的开展、行业软件的教学与应用等，以达到面向制造业中的信息化需求培养适应企业发展需要的工程师的目的。

一、专业课程体系的建构

为实现工程能力与工程素质系统化培养，教学体系应以通识能力培养为基础、专业能力培养为主线，以能力培养模块为系统要素、能力培养的内在逻辑关系为系统结构，构建适应"卓越工程师"人才培养需求的专业课程体系。

（一）培养学生的通识能力

以学生的德、智、体、美全面发展为目标，培养学生优良的思想道德品质和科学文化素养，培养学生的自主学习和创新实践能力，增强学生的社会适应能力和团队合作精神，为学生的终生学习和可持续发展奠定基础。通识能力主要由思想政治素质、人文素养、数理力学基础、英语、计算机应用能力、信息素养等模块构成。

（二）培养学生的专业能力

按照"知行合一，能力为本"的教学观，将所需知识、技能梳理成相应的能力培养模块并将其作为系统要素；以专业基本能力、专业拓展能力、职业适应能力为系统机构，构建专业能力系统化培养体系。

第一至第四学期，为专业基本能力培养阶段，主要包括软件编程能力、系统分析设计能力、数据库系统管理与维护能力、机械产品设计与制造的认识与三维建模能力；第五、第六学期，为专业拓展能力培养阶段，主要有NX二次开发能力，PDM系统实施、管理与维护能力，软件工程能力；第七、第八学期，为职业适应能力培养阶段，本阶段的能力培养主要通过预就业毕业实践环节进行。

二、人才培养模式的创新

（一）创建校企合作教育机制

校企合作教育的预就业毕业实习已经进入持续稳定拓展的良性循环，取得了企业、学生、学校多赢的效果。在企业对校企合作教育效果取得认同的基础上，组建校企合作教育委员会，将校企合作教育从预就业毕业实习环节延伸到人才培养的全过程。同时，做好校企合作教育委员会的制度建设，促进校企合作教育常态化，使企业成为名副其实的联合培养单位。

（二）建立相应的教学管理制度

人才培养模式的创新给教学管理带来了许多新问题，在教学实践中，现有的教学管理制度已经滞后于教学创新的步伐，如在企业定岗一年的预就业毕业实践过程中，学生选修课学分的获得、毕业设计课题类型的选择、毕业设计的教学要求等都提出了许多教学管理的新课题。在"社会本位""学生本位"的高等教育价值观指导下，高校要不断更新教育观念，加快教育管理制度的制定与修订速度，为专业教学改革提供制度保证。

（三）强化教师的工程实践能力

具有制造业行业基础知识、具备信息化技术服务能力的教师队伍是实现教改方案的关键。现有教师参加过企业的工程实践，有一定的行业知识积累和工程实践能力，但距离培养卓越工程师的要求，还有一定的差距。在合作企业的支持下，要建立常态的教师项目实践制度，在企业工程项目的实践过程中，加快教师的知识结构转型，强化教师工程实践能力的培养。

三、实践教学体系的建立

在"卓越计划"通用标准基础上，结合学院的办学理念、人才培养定位和特色，在本专业的人才培养方案中突出产品三维设计软件系统二次开发能力与产品生命周期管理软件系统实施与定制能力，培养能够适应制造业信息化需求的本科应用型卓越工程师。

（一）构建五层次的实践教学体系

构建"实验教学—实习实训—毕业（课程设计）—课外科技活动—预就业实习"五层次的实践教学体系。第一层次是基本技能训练，配合课程教学，达到基本要求；第二层次为综合性、设计性训练，培养学生的软件分析、设计、编程能力；第三层次为模拟真实项目训练，通过设置模拟真实训练项目培养学生的知识应用能力和工程意识；第四层次为项目开发，由多位学生合作完成较大型的开发项目，培养学生团队合作意识和工程实践能力；第五层次为预就业学习，完成职业岗位训练，培养学生的职业适应能力。实践类课程设置如表7-1所示。

表7-1　实践类课程设置

实践类别	单元实践	综合实践	企业实践
机械类	认识学习 技术工作实践 机械设计基础实训	机械制造工程实训	毕业实习预就业实习
计算机类	C++ 编程实训 Java 编程实训 UML 面向对象实训	软件工程实训	—
应用软件类	三维建模与机械工程图	PDM 综合实训 NX 二次开发综合实训	—

（二）加强实践技能认证

通过 NX 应用工程师认证、TC 应用工程师认证与预就业毕业实习等环节，帮助毕业生摆脱求职尴尬，轻松跨过企业门槛，成为掌握实用技能、富有项目经验、职业化程度高的应用工程师。

（三）推进实践资源建设

根据人才培养体系改革需要，完善、更新已开设实验的内容和设备，重点满足综合性、设计性实验和开放性实验的要求；加大对学生创新实验室的投入力度，争取更多社会力量参与实验室建设。

第八章 基于 EPT-CDIO 的计算机专业
人才培养研究与实践

CDIO 全称为"Conceive-Design-Implement-Operate"，即构思、设计、实现、运作，是由美国麻省理工学院、瑞典查尔姆斯技术学院、瑞典林克平大学、瑞典皇家技术学院 4 所工程大学发起，全球 23 所大学参与合作开发的国际工程教育合作项目建立的一个新型工程教育模式。CDIO 是一种指导工程教育人才培养模式改革的教育观念和方法论体系，作为一种课程设计的框架体系，符合现代工程技术人才培养的一般规律，具有良好的发展前景和推广价值。

第一节 基于 EPT 理念的 CDIO 人才培养概述

近年来，软件行业蓬勃发展的同时各地方本科院校都在积极探索适应计算机专业的人才培养方案创新，但由于受本专业理论的影响，课程体系的设置仍然偏重于理论教学，应用性强使课程及实践性教学难以全面进入教学计划，造成了"重理论，轻实践"的普遍现象，并由此导致应届毕业生找工作难，企业对 IT 人才需求不断增加的供需矛盾，这种现象反映了人才培养中存在的问题，出现上述矛盾的原因归纳如下：专业定位脱离了社会需求，教育机制应与市场接轨，专业特色不明显；课程体系的设置与应用型人才培养目标定位不一致；教学手段与教学资源陈旧，实践环节设置脱离了企业实际应用；等等。

EPT 是 Engineering quality（工程素养）、Professionalism（职业素养）和 Team accomplishment（团队素养）的缩写。EPT-CDIO 理念是将工程素养、职业素养和团队素养有机融合起来，按照企业项目生产规范，使学生参与整个案例开发流程，掌握该项目从构思到设计，从设计到实现的每一步骤，学生的实践能力、创新能力及团队协作能力得到不断提升，最终实现培养符合现代企业要求的工程技术人才目的的教育模式。基于 EPT-CDIO 的应用型人才培养模式，将以 EPT-CDIO 为中心，以工程设计为导向，以形成一种全新的教学模式。

地方本科院校在面临激烈的高校竞争和严峻的就业形势中，必须更新教育教学理念，转向内涵发展，引入 EPT-CDIO 理念，重点突出学生的个人能力、团队协作能力、职业素养及工程系统能力的培养，始终围绕行业发展的需要，积极探索能够培养出高质量应用型人才的培养模式，从各个方面改革创新。改革后的应用型创新人才培养模式与传统的培养机制相比，突出了四大特色：教育理念由"重知识灌输、轻实践能力培养"的思想向注重学生动手能力培养的转变；人才培养方案制定的过程中综合考虑了学生的理论知识、创新实践能力及专业素质的一体化培养；构建了适应社会需求的产学研一体化教学运行机制及人才培养评价体系，提高地方院校的教学质量；项目教学法、实践教学法等教学方法与教学手段在教学过程中始终贯穿。

第二节　基于 EPT-CDIO 的计算机专业人才培养方案

一、人才培养方案的特色

作为以"地方性、应用性、教学型"为办学定位的地方高校，必须遵守"特色办学，质量强校，人才兴校，服务社会"的办学理念，在长期的办学实践中，以社会需求为导向、面向软件服务外包和嵌入式系统应用领域，以能力培养为本位，产学研互动、校企联合培养用人单位满意的，具有"肯干、实干、能干、会干"素质的"三用"型人才。本书人才培养方案以江苏省为例，遵从应用型本科人才培养模式基本原则，具有以下几个特色。

（一）培养"适用"人才

紧密联系地方经济社会的发展需要，通过对信息产业发展现状和未来规划的分析，以及对"长三角"地区主要人才市场的信息分析，确定社会对信息技术人才的需求状况。紧密关注"长三角"软件服务外包业的发展，以及基于嵌入式系统应用的传统制造业升级改造对专门人才需求的快速增加，结合对每届毕业生的跟踪调查取得用人单位对毕业生素质、能力的评价信息。将人才需求状况分析与毕业生跟踪调查信息有机地结合起来以确立人才培养目标。

建立专业指导委员会，委员会的成员大多来自科研院所和企业中有代表性的用人单位，是生产一线的高级技术专家。在他们的指导下，对该专业培养目标、培养规格、教学计划、教学方法与手段等方面进行深入的研究和务实的改革，并借鉴国内外著名高校联办计算机专业所取得的成功经验与做法，培养适应国家经济社会发展需要的计算机高级应用型本科人才。

（二）培养"实用"人才

根据江苏省委、省政府提出的"两个第一"（即软件规模、软件和信息服务外包规模全国第一）的目标以及"促进软件企业与传统制造企业互动，开发嵌入式软件，支持软件企业与应用企业结成应用联盟，在提升传统制造业竞争力的同时推动软件产业发展"的要求，为计算机科学与技术专业指明发展方向。与 QUT（Queensland University of Technology，澳大利亚昆士兰科技大学）和 NIIT（National Institute of Information Technology，印度国家信息技术学院）合作，采用在本科人才培养方案中嵌入外方课程模块的方式培养国际化的软件工程师。派遣专业教师前往 QUT 学习访问，直接参与 QUT、NIIT 项目教学，熟悉企业实际应用的 NET 和 Java 平台上的最新技术，加快自身知识和技术更新，学习和接受国外先进的工程教育理念，促进自身业务水平的提高。

以教育理念变革为基础，对人才培养方案进行改革，在保证学科知识结构系统性的基础上参考严谨的产业调查结果，针对软件服务外包领域人才需求，制订一体化的课程计划。一体化课程计划以综合性的工程实践项目为骨干，将学科性理论课程、训练性实践课程、理论实践一体化课程有机整合，完成对学生基本实践能力、专业实践能力、研究创新能力、创业与社会适应能力的培养。课程体系支持学生个性化发展的需要，软件工程专业方向模块课程设置进一步针对软件服务外包人才需求进行优化，更加符合江苏省南京市软件产业发展的需要。

系统集成和软件技术服务均属于软件服务业范畴。软件技术服务中对能力和技术要求最高的是软件咨询和供应业务。因此，本培养方案引进国外先进的教学内容、经验和管理办法，致力于培养学生分析、设计和编制软件的能力，以胜任该业务领域工作。

（三）培养"好用"人才

建成金陵科技学院—江苏金蝶软件有限公司 ERP 软件研发平台，利用金蝶 BOS（Business Innovation&Optimization Services，业务创新与优化服务）平台、计算机应用技术学科师生的软件研发优势和实验条件，面向企业用户开展 ERP 软件定制业务。进一步拓展与江苏省邮电规划设计院有限责任公司、南京三宝科技集团有限公司在智能交通和安防软件研发领域的合作，在不断提高科研水平和社会服务能力的同时，加大科研反哺教学的能力，加强科研项目向教学用工程实践项目的转化。

为了充分借助产学研合作平台，完成 IT 工程师的培养，创建以梯次递进的工程实践项目为核心的一体化课程计划。为保证课程计划的全面落实，构建"二三四"的实践教学体系："二"是指校内 2 个、校外 18 个实习基地，校内专职和企业兼职教师两支队伍；"三"是指 3 个层次的实验教学体系，包含基本操作技能训练与验证性实验层、模块设计与综合应用层和系统设计与创新实践层；"四"是指 4 种实践能力，包括基本实践能力、专业实践能力、研究创新能力、创业与社会适应能力。3 层次实验教学体系分别针对基本实践能力、专业实践能力、研究创新能力的培养，以此为基础，通过校内外实习基地和与企业共建综合实验室中开设的综合实践项目，强化学生创业与社会适应能力的培养。

综合性和创新性实践项目是实践教学第 2、3 层次内容的主要组织形式，是实现 IT 工程师人才培养目标最关键的环节，这个教学过程本身就内含教学与科研两种因素，是对已有知识的应用、探求问题的解决和寻求新知识的过程。通过建立和完善校内软件工程综合实训基地和校外实习基地，有计划地将教师已完成的企业横向课题根据教学需要转化成综合性、创新性的实践项目或为学生提供企业现实环境中的真实项目开展实践教学，培养学生创新思路、分析解决实际问题的能力。

二、人才培养方案的构建原则

地方本科院校应用型人才培养应强调以知识为基础，以能力为重点，知识、能力、素质协调发展。计算机专业属工程类，在教给学生学科知识的同时还需要在广泛的领域培养学生的综合素质，以及软件的设计、实施和维护能力。该专业人才培养方案的构建原则如下：

（一）制定科学合理的人才培养目标

包括计算机科学与技术在内的应用型工程教育有 4 个重要的利益相关者：学生、工业界、大学教师和社会。专业人才培养目标和培养方案的确定依赖于对所有利益相关者需求的全面分析和调查。

IT 业界是计算机专业教育主要的利益相关者，在全面调查的同时，应强调采取突出重点、深入分析、长期跟踪的方法。每年 5 月和 11 月定期开展两次对 IT 业界用人单位的访问和调查。5 月的调研主要是针对即将毕业的学生在企业参加 16 周工程实践项目的调查，以了解企业对即将毕业的学生就业能力和素质的综合评价，以及对学校专业教学效果的评价。11 月的调研主要是了解 IT 业界岗位需求分布情况、新技术和开发平台应用情况以及未来一年区域经济或产业结构调整对毕业生需求的影响情况。

综合分析所有调查信息，并将其作为确定人才培养目标、规格、课程计划等的参考，以加强人才培养目标、规格、课程计划制订的科学性和合理性。

（二）建构一体化的课程计划

严格按照《专业规范》的要求设置专业学科核心课程，保证理论课教学的系统性和逻辑性，帮助学生构建完整的专业知识体系；同时，课程设置参考严谨的社会、产业、毕业生调查结果，重视培养学生的工程实践和创新能力，促进学生的职业生涯发展。在课程体系上下功夫，认真分析高级应用型人才培养的实际，制订将理论教学、实验教学与工程实践于一体的课程计划。一体化的课程计划以能力培养为本位，以综合性的工程实践项目为骨干，将学科性理论课程、训练性实践课程、理论实践一体化课程有机整合，完成基本实践、专业实践、研究创新和创业与社会适应 4 种能力的培养。根据计算机专业培养目标，对上述 4 种能力进一步分解，融入理论课程和实践教学中。现以该专业软件工程方向为例说明 4 种能力的分解，如表 8-1 所示，以及培养途径，如表 8-2 所示。

表 8-1　计算机科学与技术（软件工程）专业能力分解

基本实践能力	专业实践能力	研究创新能力	创业与社会适应能力
计算机应用技能 程序设计技能 数据库管理与应用技能 软件工程技能 网络系统集成技能 信息系统运行管理技能 查阅外文资料的能力	网络系统规划与集成 软件开发能力 信息技术应用能力 计算机工程能力 软件工程能力	以基本实践和专业实践能力为基础，在工程环境中完成一个真实产品或系统的设计、实施和运行的综合能力	以基本实践、专业实践和研究创新能力为基础，且具备：反思与创新思维 学习和适应社会变化，开拓性强能力 职业道德、正直和责任感 人际交往能力（团队合作、书面与口头交流、使用外语交流）

表 8-2　能力及其培养途径

一级能力	二级能力	培养途径	学生经验
基本实践能力	计算机应用技能 程序设计技能 数据库管理与应用技能 软件工程技能 网络系统集成技能 信息系统运行管理技能 查阅外文资料的能力	教学内容：专业核心课程的一部分，主要强调设计过程的基本原则，如概念的产生与选择。通过实践学习鼓励学生的创造力 教学目的：强调创造性概念设计 组织形式：简单原型的定性分析	让学生根据用户的需求体验软件产品建造和测试的过程

一级能力	二级能力	培养途径	学生经验
专业实践能力	网络系统规划与集成 软件开发能力 信息技术应用能力 计算机工程能力 软件工程能力	教学内容：通过设计一实现的经验整合不同学科课程中学到的知识 教学目的：强调跨学科思考问题 组织形式：更复杂原型的仿真	学生可根据工程的需要去设计和实现软件产品的原型，以加强对任务的实际认识程度
研究创新能力	以基本实践和专业实践能力为基础，在工程环境中完成一个真实产品或系统的设计、实施和运行的综合能力	教学内容：重新设计现有的软件产品，以提高产品的性能 教学目的：多目标重新设计 组织形式：软件工程环境所需的原型的高级仿真	学生能够采用更加适合实际情况的策略，并根据软件开发过程的需要选择合适的原型和仿真方法，以促进整个项目的进行
创业与社会适应能力	以前3层能力为基础，且具备： 反思与创新思维 学习和适应社会变化，开拓性强的能力 职业道德、正直和责任感 人际交往能力（团队合作、书面与口头交流、使用外语交流）	教学内容：项目扩大到商业应用场景，是一个能够反映实际性能的可操作原型或一种高级模型 教学目的：强调创新设计，以及跨部门的工作团队协作 组织形式：包含商业设计的真实环境所需原型和仿真	不同工科专业的学生，甚至可能有来自商学院的学生。进一步完善和发展了沟通能力和项目管理能力

一体化的课程计划将 4 种能力的培养蕴涵在课程计划中实现。

一体化课程计划的实施要求教师有在 IT 产业环境中的工程实践经验，除具备学科和领域知识外，还应具备工程知识和能力，以便为学生提供相关的案例并作为当代工程师的榜样。该专业具有就业指向性的专业课程的实施分成两个阶段，由具备学科和领域知识的校内专职教师以及具备工程知识和能力的企业兼职教师共同完成。今后，该专业承担专业教学任务的所有教师均应达到上述要求。

（三）强化实践教学环节

计算机专业新的人才培养方案应设计包括毕业设计在内的多个来源于真实企业环境的综合创新性实践项目，目的是借助校企合作平台提高实践教学质量，进一步促进学生应用能力的培养。这样的实践项目对师资要求很高，一方面聘任来自行业企业精通生产操作技术、掌握岗位核心能力的专业技术人才参与教学，为学生带来专业前沿发展动态，树立工程师榜样。另一方面将学生直接送到校外实习基地"身临其境"地实践，使学生能及时、全面地了解领域最新发展状况，在企业先进而真实的实践环境中得到锻炼，适应企业和社会环境，培养学生学以致用的能力和创新思维。

（四）加强教学过程的质量控制

课程采用综合评估方式考核。以综合实践项目为例，其考核由平时考勤与表现、设计文档评价、设计成果评价、成果展示和组员组长互评等构成。建立课程设计和综合实践项目网络管理平台，采用工程化的项目质量过程控制和质量管理方法，加强对综合性、设计性、创新性实践项目的质量控制。实践项目的执行力度以往受到高校过于松散的教学组织形式的影响，有效的实践教学管理才能解决惰性学生无法达到预定目标这一问题，才能保证培养方案的实施，完成学生能力培养的目标。

三、人才培养方案的课程体系

针对专业人才培养目标，根据人才培养模式和方案构建原则构建的一体化课程计划中，课程和教学体系如表 8-3 所示。整个课程计划主要由学科性理论课程、训练性实践课程、理论实践一体化课程组成。其中，理论课程包括公共基础课、专业基础课、专业课及专业选修课，在表 8-3 中，专业核心课程以星号（*）标注。实践课程包括培养学生基本实践能力的公共基础实践课程和技能训练类实践课程、培养学生专业实践能力的课程设计类实践课程、培养学生研究创新能力的以综合实践项目课程为主的理论实践一体化课程，以及培养学生创业与社会适应能力的毕业设计。

从表 8-3 可以看出，从学科基础到专业基础课程，再到专业课程，专业知识不断递进；从理论课程＋配套技能训练类课程，到课程设计，再到综合实践项目，实践能力也在不断递进。

表 8-3　课程和教学体系结构

毕业设计（毕业实习）			
专业知识递进 ↑	软件需求、软件建模与分析、软件设计、软件实现、软件测试与调试、软件维护、软件项目管理	软件系统分析与建模课程设计	综合实践项目 3
	计算机体系结构*、操作系统*、计算机硬件技术技能训练	计算机原理课程设计	
	程序设计基础*、算法与数据结构*、面向对象程序设计软件工程*、程序设计技术技能训练 Ⅰ/Ⅱ/Ⅲ 计算机网络*、网络系统集成技能训练	程序设计综合课程设计 Ⅰ 程序设计综合课程设计 Ⅱ 网络系统规划与集成课程设计	综合实践项目 2
	数据库系统原理*、关系数据库应用技能训练	数据库应用课程设计	—
	导论*、公共课、通识课等		综合实践项目 1
→实践能力递进			

第三节　基于 EPT-CDIO 的实践教学体系与评价机制

一、基于 EPT-CDIO 的课程考核体系的建立

为了配合基于 EPT-CDIO 的课程体系及实践环节设置，培养出高质量的应用型创新人才，传统的只凭期末考试成绩衡量学习效果的考核方式亟待改革，基于 EPT-CDIO 的课程考核体系，突出学生的自主化、个性化学习，主要是对学生的参与教学情况，项目进展情况，创新能力和团队协作能力的考核。考核形式采用全方位过程化考核，除了日常考核（出勤率、作业完成情况）外，还包括定期性考核（项目实施进展情况、参与度、小组协作能力等）及期末综合性考核（综合性设计实验完成情况，创新能力的体现等），课程考核评价体系的关键是考核指标及权重的设置，如图 8-1 所示。

图 8-1 中所涉及的指标结构可分为主准则层与分准则层，主准则层为学生通过学习某课程后的能力水平，分准则层为课程考核所构成的主要因素。对于上述的某些指标提出了一些新的尝试，如考试成绩的界定包括笔试和机试。笔试包括开卷、闭卷，机试针对实践性比较强的题目上机测试给出成绩；根据计算机专业课程的特点，可以结合企业项目的开发流程将案例引入实践教学成绩的考核，考核的标准主要是实践能力与创新能力的体现等。该课程成绩考核综合评价指标设计图结合模糊评价法与层次分析法，改变了传统的

"教、学、考"相分离的现状，为教学和课程考核摸索出新的方案。

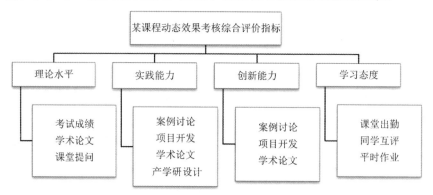

图 8-1　课程成绩考核综合评价指标设计

二、基于 EPT-CDIO 的人才培养质量评价体系的建立

地方本科院校在高等教育办学中获取竞争优势的关键因素无疑是提高人才培养质量。当前对地方本科院校人才培养质量的衡量主要包括两个架构，一个是外部评价体系，一个是内部评价体系。外部评价是社会与学校建立联系的有效途径。内部评价是对课程的教学效果、课程资源的建设及教学管理几个方面开展评价的。每个评价体系都存在着一些问题，对于外部评价体系，模式过于呆板、固定，学生的能力考核不足。地方本科院校培养人才的根本方针是适应社会需求，培养应用型人才。为此，构建了基于 EPT-CDIO 的人才培养质量评价体系。

评价主体的选择来源于用人单位、毕业生和社会的共同参与；评价内容主要基于 EPT-CDIO 理念，综合考察学生的实践能力、创新能力、团队协作能力和工程开发能力；在课堂教学效果的评价中，考试成绩不再仅仅依赖期末理论知识的成绩，更依赖平时安排的实验设计课程成绩，体现了应用型人才培养的标准；实验室建设方面应以提高学生的实践能力为前提，避免资源的浪费；教师队伍的建设应根据各独立学院的定位将教师分为实践型教师和科研型教师，科研型教师应具备将科研成果转换为课堂教学并进一步进行实践的能力；教学服务方面考核教职工的工作质量及教学设备的使用效率，最终目的是提升学院的教学质量。

附录 现代应用型人才培养模式理论汇总

一、德国应用科学大学培养模式

德国应用科学大学（Fachhochschule，FH）以高级应用型人才为培养目标，是德国工程师的摇篮。作为国际公认的应用型人才培养模式的成功范例，应用科学大学应用型人才培养的经验对我国探索应用型本科教育规律，构建应用型本科教育培养模式具有重要的参考价值与借鉴意义。应用科学大学自成立之日起，就把培养目标定在运用科学知识与方法解决实际问题的科学应用型人才的培养上。

（一）教育理念与指导思想

按照"以 IT 企业需求为导向，以实际工程为背景，以工程技术为主线，以工程能力培养为中心，以学生成长为目标"的工程教育理念，强调以知识为基础，以能力为重点，知识、能力、素质协调发展，着力提高学生的工程意识和工程素质，锻炼和培养学生的工程实践能力（岗位技能与实务经验）、沟通与合作能力（理解、表达、团队合作）和创新能力（理论应用）。

应用科学大学人才培养模式计算机专业课程结构是以模块化形式来构建的，从传统的知识输入为导向的课程体系构建转变为以知识输出为导向的模块化教学体系构建，从传统的按学科知识体系构建专业课程体系，转变为按专业能力体系构建专业模块体系。在专业方向、课程设置、教学内容、教学方法等方面都应以知识应用为重点，根据素质教育和专业教育并重的原则，课程体系的设置将以"低年级实行通识教育和学科基础教育培养学生素养，高年级实行有特色的专业教育提升学生的专业能力、实践能力和创新精神"为主要准则，构建理论教学平台、实践教学平台和创新教育平台。

（二）人才培养方案

1. 师资队伍

应用科学大学的应用型也同样体现在对教师素质的要求上。根据德国《高等教育总法》有关规定，应用科学大学教授的聘任条件是：①高校毕业；②具有教学才能；③具有从事科学工作的特殊能力，一般通过博士学位加以证明，或具有从事艺术工作的特殊能力；④在科学知识和方法的应用或开发方面具有至少 5 年的职业实践经验，其中至少 3 年在高校以外的领域工作，并做出特殊的成绩。从聘任条件可以看出，应用科学大学的教授们除了具有较高的理论水平外，还必须具有丰富的理论联系实际的实践经验。与应用科学大学教授聘任条件不同的是，综合大学教授们除了要符合①至③点提出的要求外，一般要具有在大学授课的资格（Habilitation）或等值的科研成绩，对第④点则不做要求。由此可以看出，培养目标不同，对教师的素质要求也不同。对以培养学术型、研究型人才为主的大学来说，教授应该具有更强的基础研究能力；而对以培养应用型人才为主的应用科学大学来说，教授则应该具有更强的实践能力。根据不同的培养目标，对高校教师的素质要求做出不同的规定，是合理的、科学的。应用科学大学的教授们还通过与企业紧密合作，进行技术转让或从事应用型科研开发活动，使自己的知识结构始终与科技发展、生产实际保持同步。有些联邦州还规定，应用科学大学的教授每 4 年可以申请 6 个月的学术假，下企业了解企业发展的最新状况。

2. 专业与课程设置

应用科学大学的专业设置具有鲜明的面向行业的特征，如不伦瑞克 – 沃芬比特尔应用科学大学设有车辆工程专业，为所在地区（其中一个校区在大众公司总部沃尔夫堡）培养汽车行业的工程师；奥登堡 – 东弗里斯兰 – 威廉港应用科学大学所在地区航海业和造船业发达，该校也设置了相应的专业。不少应用科学大学还设置了所谓的"双元制"专业，与企业合作培养工程师应用科学大学还根据就业体系的需求变化及企业的发展趋势，不断调整课程设置。例如，在工科类专业中，除了技术专业课外，还普遍以必修课及限定选修课的形式设置了一系列非技术类课程，如企业经济学、法学、项目管理、安全技术、人事管理等，其出发点是，一个训练有素的工程师除了掌握必要的技术专业知识外，还应该懂得经营管理，市场销售等。

3. 教学环节安排

在理论教学与实践教学中，实践教学环节所占比重较大。实践教学环节主要包括实验教学、实践学期、项目教学、毕业设计和学术旅行。

实验教学是非常重要也是经常使用的一种教学形式。在工科类专业中，在专业学习阶段，实验教学占整个教学活动（不包括实践学期）的 25% ～ 30%。更重要的是，应用科学大学的教授们亲自参与实验的开发、指导和考核，保证了实验内容与理论教学内容的紧密配合。

实践学期是应用科学大学教学活动中最具特色的部分。各州对实践学期的规定不尽相同，有的安排了一个实践学期，有的安排了两个实践学期。各个应用科学大学以及同一学校的不同系科在具体安排上也会有所区别，但其共同的目的均在于通过实践学期加深学生对工作岗位的了解，培养学生运用科学知识与方法解决实际问题的能力。应用科学大学一般均设有实习生办公室，各系也设有实践学期委员会，负责实践学期的正常进行。学生必须独立与企业建立联系，寻找实习岗位。实习生办公室或者系里建有实习企业名单，为学生寻找实习岗位提供帮助。学生与实习单位要签订实践学期合同，明确双方的职责、任务及一些有关事项。实习岗位和实习合同都必须得到学校的认可，以保证实习质量。确定了实习岗位后，学校会把总的实习计划寄到实习企业去，让他们了解实习要求，在企业中，至少有一名有经验的工程师负责实习生的指导，系里也有一名指导教授。实践学期结束时，实习企业要出具实习证明，实习生则必须递交实习报告并答辩。实践学期不仅传授专业实践知识和实践技能，更重要的是培养学生在实际工作环境中的工作方法和思维方法，以及交际能力等。项目教学是结合为企业解决实际问题的项目进行课程设计的一种教学形式。近年来，项目教学形式受到应用科学大学的极大关注，普遍在教学计划中设置了数个项目教学。

应用科学大学学生的毕业论文课题与企业实践相结合的程度也相当高。据统计，在许多专业，特别是工科类专业，毕业论文课题来自企业，并在企业中完成的占 60% ～ 70%。其毕业设计也具有鲜明的应用型特征。

应用科学大学的教授们还经常组织学生参观企业，举行学术旅行（Exkursion），以增强学生对实际工作环境和内容的了解。学术旅行的时间可能是一天也可长达几个星期，并经常利用假期进行。

4. 教学内容

与综合大学的教学内容相比，应用科学大学的理论教学有鲜明的实践导向，不强调学科知识的系统性和抽象性，不把过多的时间用于原理的推导和分析，而是强调科学知识和方法如何运用于实际生产及其他领域，偏重于那些与实践密切相关的专业知识。教学内容不是一成不变的，而是根据学科知识的发展及实际应用的变化不断进行补充和修订。

5. 教学模式

理论教学采用课堂教学的形式，但是很好地融合了研讨教学、现场教学、案例教学等多种教学模式。与综合大学相比，应用科学大学的课堂教学一般在较小的学生群体中进行，它保证了课堂教学能在相互交流的基础上进行，也保证了研讨教学、现场教学（课堂与实验室融合）、案例教学等多种教学模式的有效开展。

二、北京联合大学——基于 IBL 的 ILT 人才培养模式

北京联合大学是 1985 年经教育部批准建立的北京市属综合性普通高等院校，其前身是依托北京大学、清华大学等 30 多所高校创建的大学分校，是伴随着改革开放，紧紧围绕首都经济建设和社会发展的需要而发展起来的。建校以来，学校始终坚持为北京市的地方社会经济发展培养应用型人才，在长期办学过程中，积淀形成了"办学为民，应用为本"的办学理念，坚持以"突出应用研究、推动学科发展、坚持科技创新、服务首都建设"为宗旨开展教学研究，并结合本校教学实践开展课题研究，于 21 世纪初就提出了应用型本科教育人才培养模式。

为了更好地体现北京联合大学的办学理念，计算机科学与技术专业在学习学校提出的应用型本科人才培养模式和借鉴国外先进的 IBL（Industry Based Learning，基于行业学习）教学模式的基础上，结合本校实际情况，经过几年的教学实践与系统建设，初步形成了一套具有应用型特色的人才培养方案。在此基础上，结合国家级课题"高等学校计算机应用型人才培养模式研究"，参照教育部《专业规范》，依据北京地方经济发展对计算机专业应用型人才的需求，北京联合大学"高等学校计算机应用型人才培养模式研究"课题组研究提出了一个计算机科学与技术专业典型人才培养方案，称为基于 IBL 的 ILT（Integrated Learning and Training，学习训练一体化）人才培养方案。

（一）教育理念和指导思想

基于 IBL 的 ILT 人才培养方案坚持"产学合作，校企结合"培养本科应用型人才的方针，通过校企双方协商，按照企业对人才的需求规格制定教学方案，建立实习基地。把企业的管理、运作、工作模式直接引进到实习基地的实习活动中，以企业的项目开发驱动学生的实习活动，使学生在大学学习阶段就可以接触实际的工作环境和氛围，直接参与实际的项目开发。通过工程项目开发训练培养学生的职业能力、职业素质，提高学生的学习兴趣，消除学习和工作之间的鸿沟，有利于应用型人才的培养。在实施基于 IBL 的 ILT 人才培养方案的过程中，坚持以地方经济对人才需求为导向的原则，并以学生能力培养为重点，设计了 7 周的长周期软件开发综合训练，提高了学生的计算机专业知识综合运用能力、学习新知识的能力、分析问题与解决问题的能力、职业能力和职业素质等；同时基于 IBL 的 ILT 人才培养方案重视学生专业基础理论知识的学习，将教育部《专业规范》规定的专业基础课程纳入教学计划，并进行符合应用型人才培养的课程与教学改革，构建学习训练一体化、理论实践相融合的计算机科学与技术专业人才培养方案。

（二）人才培养方案

1. 人才培养方案的特色

基于 IBL 的 ILT 人才培养方案遵从"高等学校计算机应用型人才培养模式研究"课题组提出的应用型人才培养模式的基本原则，并形成了自身的特色，方案特色主要包括以下几点。

①贯彻了北京联合大学应用型本科人才培养的基本原则，兼顾理论基础和应用能力培养、兼顾知识学习和工作实践训练。以实际应用为导向，以行业需求为目标，以综合素养和应用知识与能力的提高为核心，使学生成为适应地方经济发展需要的应用型高级专门人才。

②研究并实践国外先进的 IBL 教学模式，设计基于 IBL 的 ILT 人才培养方案，加强"学习训练一体化"综合课程的建设，强化课程体系的改革。依托校企合作，以行业实习形式驱动集中实践教学环节，由企业派出技术指导全程负责，并以"学习训练一体化"的形式开展软件开发岗位的定向培训，校企合建软件开发实习环境。根据对学习对象和人才培养规格的调查分析，设计"学习训练一体化"课程的基本学习要求与实习目标，如图 1 所示。

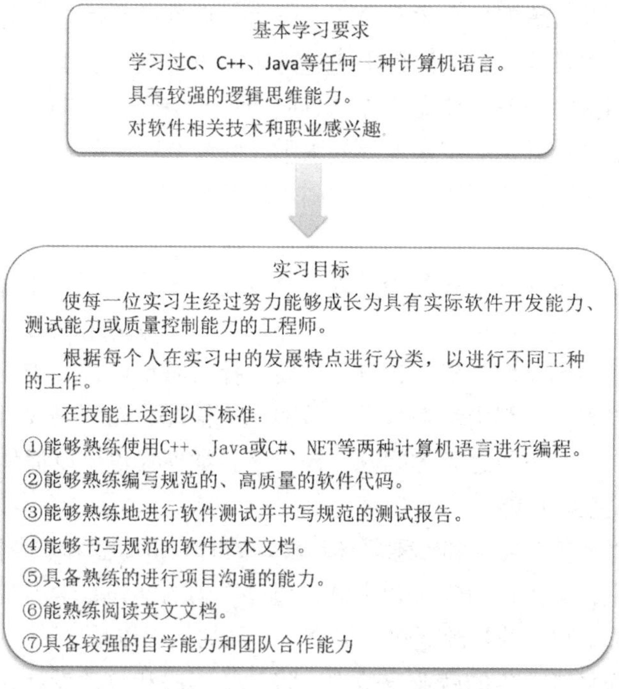

基本学习要求

学习过C、C++、Java等任何一种计算机语言。

具有较强的逻辑思维能力。

对软件相关技术和职业感兴趣。

实习目标

使每一位实习生经过努力能够成长为具有实际软件开发能力、测试能力或质量控制能力的工程师。

根据每个人在实习中的发展特点进行分类，以进行不同工种的工作。

在技能上达到以下标准：

①能够熟练使用C++、Java或C#、NET等两种计算机语言进行编程。

②能够熟练编写规范的、高质量的软件代码。

③能够熟练地进行软件测试并书写规范的测试报告。

④能够书写规范的软件技术文档。

⑤具备熟练的进行项目沟通的能力。

⑥能熟练阅读英文文档。

⑦具备较强的自学能力和团队合作能力

图 1　"学习训练一体化"课程基本学习目标

在确立教学目标的同时，在校企合作实习基地中将接收学生进行 7 周的软件开发综合训练，其实习基地运作模式如图 2 所示。

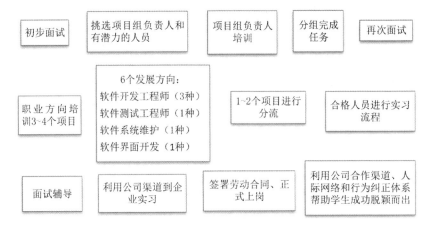

图2 校企合作实习基地运作模式

③在专业培养方案中，要求增强实践教学课程，通过搭建实践教学环节的支撑平台，设置多种实践类课程，保证实践教学4年不断线，4年的实践教学比例达到了50%，尤其是综合性的训练课程、理论—实践一体化课程，加强了对学生综合运用知识解决问题能力的培养。训练性课程主要针对专项技术、技能开设，培养学生的专项技术能力；理论—实践一体化课程属于综合性、复合型实践课程，在课程中通过师生双方边教、边学、边做来完成具体教学目标和教学任务。该类课程具有应用型、综合性、先进性、仿真性等特点，使教学更接近企业技术发展的水平，并与企业实际技术同步，营造浓郁的企业工作氛围，达到能力与素质同步培养的目的，增强学生的竞争能力和应用能力。

④教师和学生在教学过程中的地位将发生改变。根据基于IBL的ILT人才培养方案，教师不仅是知识传授者，也是学生学习的组织者。教师负责组织实习单位与学生见面，根据各自的需要选择实习单位，安排实习期间的学习内容，监督教学计划中预期教学环节的完成情况。教师要及时了解、沟通和解决学生在学习中所遇到的问题，同时该教学模式也可以促使教师改善教学方法、提高教学技能。

学生可以真实地体验和熟悉职场环境，同时获得专业和职业能力。此外，在实习过程中，学生作为学习的主体，通过主动的感知、学习和操作，在既往分散、非系统知识的基础上建构综合、全局的知识体系。

⑤为了增强毕业生的就业竞争力，将教学方法和教学设计建立在大学、行业和学生三方的紧密合作关系基础上。学校和行业紧密合作，共同参与教学，共同培养潜在的未来企业员工，即紧密依托企业培养出更多符合职业需

求的本科毕业生，以便有效提高毕业生的一次就业率。

⑥在基于 IBL 的 ILT 人才培养方案的构建过程中，除设计了基于 7 周长周期的软件开发综合训练之外，还提出了建立"3+1"教改实验班的教学改革方案。针对实验班学生设计了符合这类学生特殊需求的"3+1"人才培养方案，即前 3 年学生的学习按照计算机科学与技术专业培养计划执行，以公共基础课、专业基础课和专业课的课堂教学为主；第 4 年采取把专业理论课知识学习与企业实习相结合的形式，学生将深入企业参与实际项目开发，获取职业证书和行业实习合格证书。

2.人才培养方案的构建原则

应用型人才培养模式的研究主要强调以知识为基础，以能力为重点，知识、能力素质协调发展的培养目标。在具体要求上，强调培养学生的综合素质和专业核心能力。在专业设置、课程设置、教学内容、教学环节安排等方面都强调应用性。IT 应用型人才培养在以能力培养为本的前提下，也要重视基础课程和专业基础课，给学生毕业后继续教育和个人发展打下良好的基础。

基于 IBL 的 ILT 人才培养方案的构建原则如下：

（1）人才培养要体现"宽基础、精专业"的指导思想

"宽"是指能覆盖本科的综合素养所要求的通识性知识和学科专业基础，具有能适应社会和职业需要的多方面的能力；而其"厚"度要适度，根据教学对象的情况因材施教，学以致用；"精"是指对所选择的专业要根据就业需要适当缩窄口径，使专业知识学习能精细精通；专业技能要"长"，专业课程设置特色鲜明，有利于培养一专多能的应用型、复合型人才，符合信息技术发展需要和职业需求。

（2）培养方案要统筹规范、兼顾灵活

统筹规范要有国内外同类专业设置标准或规范做依据，统一课程设置结构。课程按 3 层体系搭建：学科性理论课程、训练性实践课程和理论—实践一体化课程。灵活是根据生源情况和对人才市场的调研与分析，采用分层教学、分类指导的方式，保证能对不同层（级）的学生进行教学和管理。根据职业需求和技术发展灵活设置专业方向和选修课程，在教师的指导下，学生应能在公共选修、自主教育、专业特色模块等课程中选修，包括跨专业选修和辅修，但改选专业需按学校有关规定和比例执行。

（3）适当压缩理论必修、必选课，加强实践环节教学

应用型本科毕业生的实践教学时间原则上不少于 1.5 年，同时，要加大实践环节的学时数和学分比例。实践教学可采用集中实践与按课程分段实践相结合的方式，建立多种形式的实践基地，确保实践教学在人才培养的整个

环节中不断线。另外，可以设置自主教育选修学分，培养学生自主学习能力，其中，创新创业实践学分≥5学分。

（4）消除课堂与工作岗位之间的差异

通过工程项目训练培养学生的职业能力、职业素质，提高学生的学习兴趣，消除学习、实践、工作之间的鸿沟，开创培养应用型人才的新模式。

（5）实施因材施教的教学方法

在充分论证的基础上，可以设立和组合特殊培养计划，对学生实施资助教育，鼓励学生参加技能培训以获得相应的学分，拓展有专长和潜力学生的发展空间。例如，增设开放（自主）实验项目，鼓励有兴趣、有能力的学生进入实验室，并根据实验项目完成情况给予相应的学分；鼓励学生参加有关的技能培训以及国家、省（市）、国内外知名企业组织的相应证书考试，并给予学分；推出就业实习、挂职锻炼、兼职助学和校企合作等新的社会实践项目，并根据实践时间和效果给予相应学分；鼓励班里有专长和成绩突出的学生直接参与教师的科研课题。

3. 人才培养方案的课程体系

（1）课程设置

基于 IBL 的 ILT 人才培养方案中课程总学分为 179 学分，其中理论教学114 学分（实验 22 学分，占总学分的 12.3%；实践 4 学分），占总学分比例为 63.7%；实践教学包括集中实践学分（60 学分）、理论教学中实验实践类课程学分（26 学分）和自主教育学分（5 学分），共 91 学分，占总学分比例为 50.8%，其中，集中实践教学 60 学分（含毕业设计实践 16 学分），占总学分比例为 33.5%。

该人才培养方案按教学层次设置了学科性理论课程、训练性实践课程、理论—实践一体化课程 3 层。在总学分中，学科性理论课程 114 学分；训练性实践课程 21 学分；理论—实践一体化课程 39 学分；自主教育 5 学分，课程中实践教学应大于总课时的 50%。

各类课程设置的总体说明如下：

①学科性理论课程共计 114 学分，分为公共基础类课程和专业、专业基础类课程。

其中，公共基础类课程共计 58 学分，涉及思想政治理论类课程（包括马克思主义原理、毛泽东思想概论、中国近现代史纲要、法律基础思修和形势与政策等）、高等数学、大学物理类课程、大学体育、大学英语课程、高级语言程序设计和专业导论课程。这些课程与后续专业及专业基础类课程紧密相关，学生在大一和大二应完成公共基础课程的学习。

专业、专业基础类课程共计 56 学分，包括计算机科学与技术的专业基础类课程：线性代数、离散数学、数字逻辑技术、电路与系统、专业基础类课程公选课。专业课程包括数据结构、面向对象程序设计、计算机网络、数据库管理与实现、软件工程、操作系统和计算机组成原理等。学生可以在大学二年级、三年级、四年级学到相应的课程。

②训练性实践课程共计 21 周，分为公共基础类课程和专业、专业基础类课程。

公共基础类训练性实践课程共计 9 周，包括入门教育、军事技能训练、英语强化、工作实践、计算机基础应用训练、物理实验，这里还包括学生在大学四年级的毕业教育。

专业、专业基础类训练性实践课程总计 12 周，是配合专业、专业基础类理论课程开设的实践课程，包括数据库管理与实现训练、面向对象程序设计训练、软件工程训练、软件测试训练、计算机网络基础应用训练、网络系统规划设计训练、操作系统模拟实现训练、Web 技术训练、算法与数据结构训练、计算机硬件和指令系统基础设计训练、嵌入式系统的应用训练和计算机体系结构的模拟实现训练。这些训练性实践课程的开设旨在让学生更好地学习学科性理论课程。

③理论—实践一体化课程共计 39 周，分为公共基础类、专业和专业基础类、毕业设计。

该部分主要是以综合性课程的形式出现在教学课程体系中的，此类课程不仅要引导学生应用已学过的专业及专业基础知识，还应结合实践的具体课题补充前沿的新知识、新技术。该类课程的上课周数可为 2 ~ 7 周，充实的上课学时数主要是为培养和提升学生的职业竞争能力和发展潜力，要充分体现理论—实践一体化课程的特点。

公共基础类理论—实践一体化课程共计 5 周，包括程序设计综合训练和专业感知与实践。

专业、专业基础类理论—实践一体化课程共计 18 周，包括面向对象与数据库综合性课程、软件开发综合性课程、系统集成综合性课程*、信息技术应用（软件测试）综合性课程*、计算机工程综合性课程*、项目管理综合性课程*（注：四门标注 * 的课程，必须选择其中的两门课程）。理论—实践一体化课程均由多门学科理论性课程支持，在实践过程中，教师应指导学生把学习过的各门独立的专业课程知识有效地联系贯穿起来，达到工程训练的目的。例如，软件开发综合性课程不仅包括软件工程、软件测试、面向对象程序设计、数据库管理与实现、算法与数据结构实现等学科性理论课程的知识，还包括数据库管理与实现训练、面向对象程序设计训练、软件工程训练、软件测试训练、算法与数据结构实现训练等训练性实践课程内容，同时在该课程的实施过程中，教师还会根据实际的需要补充新的知识，从而真正实现"学—做—实践"的统一，如图 3 所示。

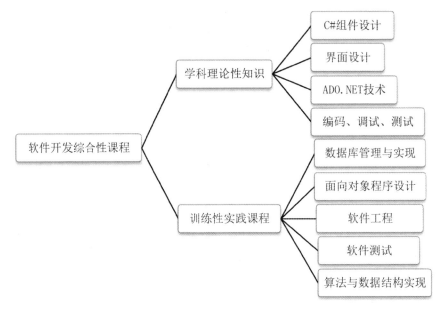

图 3　软件开发综合性课程

④实践教学课程包括课内课外实验、专项训练、综合训练、自主教育、毕业设计实践等，保证实践教学 4 年不断线。第 7 学期结合专业特色课和毕业设计要求应安排 7 周的集中实践（实习）环节，这一环节一般应在一学期内持续进行，鼓励以团队形式开展项目驱动方式的实践，有条件的可安排到企业或校企合作基地集中实践。毕业设计开题可提前在第 7 学期和集中实践环节相衔接，减少就业影响。

⑤自主教育类课程。学生在校期间应完成 5 ~ 10 学分的自主教育学习。

自主教育类课程以实践教学为主，包括开放式自主实践类课程、创新创业教育、社会技术培训、校企合作置换课、网络资源课程、科技文化活动。学生可通过选修全校各类课程、各学院开设的课程，以及参加学校认可的学科竞赛、证书认证、科技活动、社团活动等自主教育学习来获取学分。其中，创新教育主要包括学生在教师指导下完成的科技竞赛、研究课题以及企业实际应用开发项目。创业教育是学生在校期间开展校（院）级以上批准立项的创业活动。学生在校期间至少要获得 5 学分的创新创业教育学分。

⑥选修课程（含理论与实践）的组织与时间安排。公共选修课程为全校和全院性选修课程，包括社会科学、人文科学与艺术、经济与管理、国防建设、体育、英语、计算机技术（凡是在本专业开设的同类课程不得在计算机技术类中选修）、数学、自然科学、物理等方面的理论与实践选修课程；其余选修类课程大多为学院开设的选修课程。此外，还有针对不同基础与需要的学生开设的选修课程。

（2）课程体系结构

在开展课题的研究过程中，设计"计算机科学与技术"专业培养方案的课程框架，如图4所示。

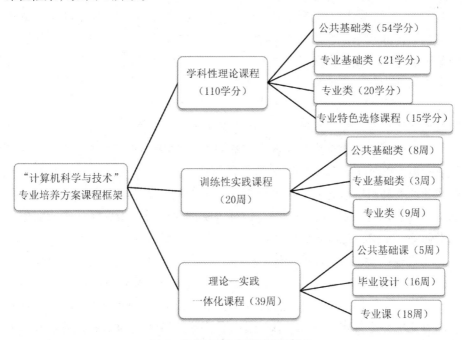

图4 专业培养方案课程框架结构

该框架根据专业特点和应用型人才培养目标，以课程设计为基础，实现了学科性理论课程、训练性实践课程、理论—实践一体化课程的合理组合。大幅度增加实践教学比重，来强调从事实际工作的综合应用能力培养。在课程框架的基础上，进一步设计了"柱形"结构的专业课程体系结构，在此以"软件工程"方向为例构建"柱形"课程体系结构。

（3）课程实施说明

基于 IBL 的 ILT 人才培养方案在学习年限、课程组合、课程学习时间安排等方面为学生提供了较大的自主选择空间，学生可根据自身特点及毕业志向提前或延期毕业、考研、就业等，在专业导师指导下组合课程，形成个性化学习方案和学习计划。学生在进行必修课程的进程设计和选修课程的选择安排时，要注意课程的先修、后修关系和知识的系统性，可通过适当调整教学运行使系统更科学、合理，尤其要注意设计好自主教育选学模块，具体建议如下：

①4 年完成学业的学生：第 1 学期至第 6 学期每学期所安排的总学分建议控制在 25 学分以内，第 7 学期建议开设 16 周左右的集中实践环节。学生对每学期的选课模块应合理搭配，以保证在 4 年内完成各教学模块对选修学分的要求。同时也要注意校、院两级选修课程的适当搭配，一般每学期选学的全校性选修课程不要超过 4 学分，自主教育学分不超过 10 学分。

②毕业后直接就业的学生：应结合就业意愿加强学科专业基础课程及专业特色课程的学习。在第 7 学期的第 8 周之前基本修满本培养方案规定的必修课程学分和各教学模块要求的选修学分，同时要加强拟就业领域相应专业方向课程的学习，积极为就业创造条件。第 7 学期后 8 周，学生应根据就业需要进一步加强专业对口课程的学习，并可开始毕业设计、选择就业实习，为参加工作奠定良好的基础，也可将前后 8 周打通安排。

③拟考研的学生：应于第 6 学期前完成必修理论课程及实践课程的学习（毕业设计除外），基本修满培养方案各模块要求的学分。第 7 学期可通过选修公选类和自主教育类中的"两课"综合训练、英语综合训练、数学综合训练等校选课程以及专业基础综合训练等院选课程进一步巩固公共基础知识和专业基础知识，为考研做好准备。

④"3+1"教改实验班的学生：在实际教学中建立实验班，推行企业合作办学。学生前 3 年在学校按照基于 IBL 的 ILT 人才培养方案进行学习，第 4 年学生深入企业参与实际项目的开发。学生前 6 学期的教学安排与非教改班的专业培养方案中的教学安排完全一致。学生的第 7 和第 8 学期均为毕业设计实践环节，学生将直接进入企业进行实习，并且根据学生实际实习内容进行教学培养计划中第 7 学期相应课程的学分置换。

⑤拟参加学校与国外大学本科生交流项目的学生：应加强大学英语课程的学习，特别要通过英语技能训练，提高英语听说能力。同时，还要注意学好对方所要求的互认学分的必修课程，为到国外大学学习做好准备。

⑥在校期间通过参加校企合作项目和企业职业培训获得自主教育学分的学生：获得自主教育取得的学分经过确认后，可以置换相关集中实践教学课程学分。

⑦在校期间选修专业特色课程和专业拓展课程的学生：应根据各专业方

向的特点和需要，在专业负责人指导下进行选修，组成专业方向模块，按班教学。

三、浙江大学城市学院——面向需求的 CRD 人才培养模式

"职业需求驱动"（Career Requirement Driven，CRD）的人才培养模式，采用"按社会需求设专业，按学科打基础，按就业设方向"的培养体系，强化学生的创新意识和应用能力培养。提出强调实践能力的 211 课程体系结构，将专业课程体系划分为 3 个阶段：2 年的基础课程学习，1 年的专业方向课程学习，最后用 1 整年的时间进行毕业实习和毕业设计，使学生有更多的时间参与实际应用，做到既有较好的理论基础，又在某一专业技术方向上具有特长。

按照"基础核心稳定、专业方向灵活"的思路，核心课程的设置保持相对稳定，专业方向课程的设置灵活应对市场变化，及时引入专业技术的最新发展，坚持"面向社会，与行业发展接轨"的原则，在打好基础的前提下，注意与实际相结合，通过理论教学与实践教学，培养学生解决实际问题的能力。

高等教育大众化是社会经济发展的必然结果，产业结构调整和产业升级改造带来了人才需求在总量和结构上的一系列变化，也推动了高等教育的快速发展。为了顺应高等教育大众化发展的需要，20 世纪 90 年代开始出现了一批依托母体高校设置的独立二级学院。1999 年 7 月，浙江大学与杭州市政府合作，与浙江电信实业集团公司共同发起创办了浙江大学城市学院，这是一所在我国高等教育改革与发展过程中应运而生的新型大学。

浙江大学城市学院成立以来，充分发挥名校名市合作共建的优势，依托浙江大学错位办学，紧密结合地方经济社会发展需求，确立了"依托浙大，立足杭州，服务浙江"的发展方针，明确了面向地方经济社会需求、培养高素质应用型创新人才的培养目标，构建了"按社会需求设专业，按学科打基础，按就业设方向"的本科培养体系，强化学生的创新意识和应用能力培养，努力探索高起点、特色化的办学之路。

通过结合国家级课题"我国高校应用型人才培养模式研究"子课题"独立学院计算机专业应用型人才培养模式研究"的研究，并集成 211 应用型人才培养模式、"核心稳定、方向灵活"课程体系和"学—练—用"相结合的实践教学体系等教研成果，同时参照《专业规范》和本科培养方案原则指导意见和总体框架，结合地方经济社会发展对计算机专业应用型人才的需求特点制定了面向需求的 CRD 人才培养方案。

（一）教育理念和指导思想

要培养出适应社会发展需要的应用型创新人才，必须认真研究高等教育的发展规律和学科专业的发展趋势，以现代教育理念为指导，以提高人才培养质量为核心，以社会需求为导向，明确培养目标和要求，完善培养模式，优化课程体系，改革教学方法与手段，强化实践能力培养，激发学生的学习兴趣和主动性，提高教师队伍的水平和能力，构建良好的支撑环境，以实现面向社会需求的本科应用型人才培养目标。

1. 应用型人才的培养目标必须符合社会需求

人才培养应主动适应社会发展和科技进步，满足地方经济建设的需要，并以此为导向确定专业人才培养的目标和要求，明确所培养的人才应掌握的核心知识、应具备的核心能力和应具有的综合素质。

2. 应用型人才的培养模式必须适应人才培养要求

应用型本科层次人才既不是单纯的研究型人才，也不等同于技能型人才，在培养过程中不能简单地套用研究型或者技能型人才的传统培养模式，而应有自己特有的模式。在培养过程中，应强调实践能力的培养，并以此为主线贯穿人才培养的不同阶段，做到4年不断线。

3. 满足应用型人才培养目标

应针对人才培养目标与要求，明确培养途径，以"重基础、精专业、强能力"为指导，设计科学合理的课程体系和实践体系，做到课程体系体现应用型、实践体系实现应用型。课程体系可以采用"核心＋方向"的模块化方式，既构建较完整的核心知识体系，又按就业设计不同的专业方向，使所培养的人才具备职业岗位所需要的知识能力结构，上手快、后劲足。实践体系应包括实验、训练、实习等环节，强调从应用出发，在实践中培养和提高学生的实际动手能力。

4. 坚持"以人为本"

在教学设计和实施中考虑多样性与灵活性，为学生提供选择的余地，使学生可以根据自己的兴趣和水平，选择某个专业方向作为发展方向，并能自主设计学习进程。在教学过程中应强调以学生为主体，因材施教，充分发挥学生特长，教师应从学生的角度体会"学"之困惑，反思"教"之缺陷，因学思教，由教助学，通过"教"帮助学生学习，体现现代教育以人为本的思想，并由此推动教学方法和手段的改革。

5. 重视学科建设和产学合作

教学与科研是相辅相成的，科研能使教师提高业务水平，掌握先进技术，进而有效地促进教学能力的提高。产学合作使人才培养方案和途径贴近社会需求，缩小人才培养和需求之间的差距，促进学生职业竞争力的提高，达到培养应用型人才的目的。

6. 建设一支能胜任应用型人才培养的教师队伍

教师是教学活动的主导，应用型人才的培养需要一批具有行业或企业背景的"双师型"教师。在积极引进的同时，应加强对青年教师的培养，特别是教学能力和工程背景的培训与提升，加大选派教师参加技术培训或到企业实践锻炼的力度，还应聘请行业专家到学校兼职，形成一支熟悉社会需求、教学经验丰富、专兼职结合、来源结构多样化的高水平教师队伍。

另外，应用现代教育手段构建网络教学平台，加强教学资源建设，为应用人才培养创造良好的教学支持环境。

（二）人才培养方案

1. 人才培养方案的特色

作为独立学院举办的计算机专业，在人才培养定位上与母体学校应有明确区别，呈现错位发展，必须根据社会需求、学科与产业的发展和自身优势，以培养高素质应用型软件开发与信息服务人才为目标，在培养模式、课程体系、教学方法与手段、实践体系等方面积极开展研究与改革。本人才培养方案遵从本课题提出的应用型本科人才培养模式的基本原则，并形成有自身特色的人才培养方案，主要包括如下内容。

（1）提出强调实践能力的应用型人才培养专业课程体系结构

该专业课程体系结构以应用型人才培养为目标，以实践创新为主线，以课程体系改革为手段，将本科专业课程体系划分为3个阶段：2年的基础（含专业基础）课程学习，1年的专业方向课程学习，最后用1整年的时间进行毕业实习和毕业设计，使学生有更多的时间参与实际应用，在实践中提高分析问题和解决问题的能力，做到既有较好的理论基础，又在某一专业技术方向具有特长。

（2）设计面向需求的应用型人才培养方案

计算机专业的特点是实践性强，学科发展迅猛，新知识层出不穷，强调实际动手能力，这就要求专业教育既要加强基础，培养学生自我获取知识的能力，又必须重视实践应用能力的培养。针对就业市场对人才的差异化需求，设计"核心＋方向"的培养方案，根据计算机基本知识理论体系设置专业核心课程，夯实基础，考虑学生未来的发展空间；根据就业灵活设置专业方向，强调实践动手能力和实际应用能力，注重职业技能的培养和锻炼，以增强学生的适应性。根据市场需求设置专业方向，突破按学科设置专业方向的局限，体现应用型人才培养与区域经济发展相结合的特点，为学生提供多样化的选择。

（3）制定"核心稳定、方向灵活"的课程体系

计算机学科不断发展，社会对计算机人才的需求也随之变化，因此，课程体系面临不断的更新与完善，既要适应市场需求的变化，还应跟踪新技术的发展。按照"基础核心稳定、专业方向灵活"的思路，核心课程的设置应保持相对稳定，注重教学内容的更新和补充，以及教学方法、教学手段和考核方式的改革；专业方向及其课程的设置则要灵活应对市场变化，及时引入专业技术的最新发展，坚持"面向社会，与IT行业发展接轨"的原则，在打好基础的前提下，注重与实际相结合，理论教学与实践教学培养学生解决实际问题的能力，使学生既具备必需的理论水平，又具有较强的动手操作能力、解决实际问题的能力和发展潜力。

（4）构建"学—练—用"相结合的实践教学体系

应用型人才培养的关键环节是实践，在课程设置和教学设计中，必须从应用出发，强调在实践中培养和提高学生的实际动手能力。"学—练—用"相结合的实践教学体系包括实验、训练、学科竞赛和毕业实习／毕业设计等环节，实验侧重"学"，打好基础，学好知识；训练侧重"练"，实战演练，练好技能；学科竞赛"学—练—用"结合，激发兴趣，激励创新；毕业实习／毕业设计侧重"用"，产学结合，实际应用。经过这些实践训练达到"培养基础、训练技能、激活创新"的目的，培养学生的团队精神、职业技能和发展素质。

2.人才培养方案构建的原则

坚持人才培养主动适应社会发展和科技进步需要的原则。人才培养目标应符合社会需求。

坚持知识、能力、素质协调发展，综合提高的原则。人才培养模式和培养方案应满足人才培养目标，通过对人才培养规格和培养途径的分析研究，明确应用型人才应掌握的核心知识、应具备的核心能力和应具有的综合素质，以及有效培养途径，强调实践环节的重要性。

坚持学生在教学过程中的主体地位，因材施教，充分发挥学生的特长。

坚持教师是教学活动主导的原则。课程设置、专业方向建设要充分考虑到师资队伍的现状、教师梯队建设、教师水平提高和教学资源的综合利用，把与专业相关的学科强势方向作为专业方向建设的支撑点。

坚持课程体系的稳定性、前瞻性和开放性相结合的原则。在强调稳定性

和规范性的同时，兼顾开放性，为课程体系的进一步完善与教学内容的更新留出余地。

3. 面向需求的人才培养方案特点

（1）面向区域经济发展，设置灵活、多样、开放的专业方向

应用型人才培养要与区域经济发展相结合，突破按学科设置专业方向的局限，根据市场需求和师资力量设置专业方向，并随着社会经济的发展与技术进步适时更新。同时还要密切产学关系，开展校企、校校合作，与企业合作培养人才，联合在专业方向建设上有特色的学校合作开展研究。本专业设有 NET 数据库应用开发、Java 应用开发、信息服务、嵌入式系统应用、电子商务应用开发和数字媒体设计制作 6 个专业方向，这些专业方向都是根据技术发展和市场需求进行设置和建设的，具有扩展性和灵活性，以后还将根据市场需求的变化和专业技术的发展及时进行更新。学生可以根据自己的兴趣和水平，选择某个专业方向作为发展方向。

专业方向的设置不仅是市场需求和技术发展的结果，也是师资队伍教学与科研能力的体现。专业方向的建设任务主要应由青年教师承担，他们充满活力，与企业保持着密切联系，承担着大量应用型科研项目的研发工作，对技术发展和人才市场需求有着敏锐的把握，能有效地促进专业方向建设的不断完善，并突出自身的特色和优势，以提高专业教学的市场适应性。

（2）需求逆推，分阶段能力培养的课程设置与教学内容设计

在课程设置与教学内容设计时，从各专业方向毕业生应掌握的知识和具备的能力出发，考虑学生的自我发展潜力和职业技能，按照"需求逆推"的方法逐级分解目标，分段实施推进，分类建设课程。一年级强调工科基础，重点培养学生的程序设计基本技能，开设"程序设计""数据结构基础"和短学期训练；二年级以数据库系统原理及应用开发为主线，培养学生面向对象的编程思想和数据库系统应用开发的基本技能，开设"数据库系统原理""数据库系统设计与开发"和短学期训练；三年级侧重专业方向，培养学生的综合应用开发能力，开设专业方向课程、综合课程设计和短学期训练；四年级进行毕业实习和毕业设计，侧重工程训练和职业素质养成。

（3）核心稳定、方向灵活，课程体系科学合理

制定课程体系时，兼顾学科特点和市场需求，妥善处理好稳定与灵活的关系，使课程体系具有"核心稳定、方向灵活"的特点。专业核心课程根据计算机基本知识理论体系设置，夯实基础，考虑学生未来的发展空间；专业方向与方向课程则根据就业灵活设置，强调实践动手能力和实际应用能力，注重职业技能的培养和锻炼，以增强学生的适应性。

　　课程体系的整体结构分为学科性理论课程、训练性实践课程、理论—实践一体化课程三大类和公共基础必修、公共基础选修、专业核心必修和专业选修。学科性理论课程按照指导性专业规范设置，主要在第 1～6 学期开设；训练性实践课主要为分散形式的课程训练，一般在第 1～6 学期开设；理论—实践一体化课程包括短学期训练和毕业实习 / 毕业设计，主要在 3 个暑期短学期和第 7～8 学期开设。

参考文献

[1] 蔡娟. 略论地方本科院校应用型人才的培养 [J]. 教育导刊，2010（6）：48-50.

[2] 许尔忠，吕朝夔，冯小琴. 新建地方本科院校"应用型"办学的理性思考 [J]. 高等理科教育，2014（5）：54-58.

[3] 陈新民，周朝成，任条娟，等. 高级应用型人才培养目标与规格探析——基于特色创建的思考 [J]. 浙江树人大学学报（人文社会科学版），2009，9（6）：38-42.

[4] 庞永师，林昭雄，陈德豪，等. 应用型人才创新能力培养模式探索 [J]. 高等工程教育研究，2008（2）：145-148.

[5] 施于庆，管爱枝，祝邦文，等. 面向应用型本科人才培养的模块化课程体系改革 [J]. 浙江科技学院学报，2010，22（5）：456-460.

[6] 胡永青. 大学生就业能力结构与社会需求的差异研究 [J]. 国家教育行政学院学报，2014（2）：84-87.

[7] 何根海，谭甲文. 基于校地合作的应用型本科人才培养的改革与实践 [J]. 中国高教研究，2011（4）：61-63.

[8] 蒋青，王桂林. 行业特色高校专业建设路径 [J]. 课程教育研究，2015（16）：217-218.

[9] 孙睿. 基于校企合作的高校应用型人才培养模式探索 [J]. 西部素质教育，2016，2（7）：60-60.

[10] 杨帆，毛智勇，王玮. 应用型人才培养模式的探索与实践 [J]. 教育与职业，2010（14）：26-27.

[11] 林健. 面向"卓越工程师"培养的课程体系和教学内容改革 [J]. 高等工程教育研究，2011（5）：9-9.

[12] 郭风，朱韶红. 计算机科学与技术专业课程体系建设研究 [J]. 中国现代教育装备，2010（1）：92-93.

[13] 郝红英. 高师计算机科学与技术专业课程体系构建 [J]. 西昌学院学报（社会科学版），2004，16（2）：66-69.

[14] 钟乐海，唐新国，贺春林.高等师范院校计算机科学与技术专业计算机软件教学改革 [J].西华师范大学学报（自然科学版），2003，24（1）：13-15.

[15] 曾小彬.创新人才培养模式提升应用型人才培养质量 [J].中国大学教学，2010（3）：17-18.

[16] 曾开富，王孙禺."工程创新人才"培养模式的大胆探索——美国欧林工学院的广义工程教育 [J].高等工程教育研究，2011（5）：11-11.

[17] 朱士中.美国应用型人才培养模式对我国本科教育的启示 [J].江苏高教，2010（5）：147-149.

[18] 杨琨，黄进，胡强，等.大学生创新性实验计划项目的实践与探索 [J].学理论，2014（33）：191-193.

[19] 孙德彪.地方高校实践性应用型人才培养模式的思考与实践 [J].中国高校科技与产业化，2010（7）：36-37.

[20] 司淑梅.应用型本科教育实践教学体系研究 [D].长春：东北师范大学，2006.